U0309807

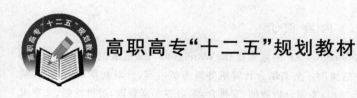

高职高专"十二五"规划教材

计算机应用基础实例教程

（第 2 版）

主　编　赖秦超

副主编　曹海丽　桂明军　蒋　勇

北京航空航天大学出版社

内 容 简 介

本书主要内容包括计算机系统的组成，Windows XP 的基本操作，Word 2003、Excel 2003 和 PowerPoint 2003 的基本操作及应用，常用网络工具软件的使用。全书结合计算机等级考试内容，针对初学者的特点，精心策划、准确定位、概念清晰、例题丰富、深入浅出，实例分析透彻，安排合理，内容丰富新颖，逻辑性强、文字流畅、通俗易懂，可读性、可操作性强。

各章开头均以实例作为引题，先讲解与实例相关的基础知识及操作步骤，再具体分析和讲解在实例中所用到的某一应用软件的工具及本节知识点；拓展练习单元取代传统的练习环节，赋予练习应用的含义，注重学生实践和教师教学的实用性，以提升学习效果和教学效率。

本书提供教学大纲、电子教案及实例和练习中的所有素材，如有需要，任课老师可以发邮件至 goodtext-book@126.com 免费索取。

本书可作为中职中专、五年制高职及高职高专的教材，也可作为计算机等级考试的培训教材。

图书在版编目(CIP)数据

计算机应用基础实例教程 / 赖秦超主编. -- 2 版

. --北京 ：北京航空航天大学出版社，2014.8

ISBN 978 - 7 - 5124 - 1563 - 8

Ⅰ．①计… Ⅱ．①赖… Ⅲ．①电子计算机—教材

Ⅳ．①TP3

中国版本图书馆 CIP 数据核字(2014)第 160731 号

计算机应用基础实例教程(第 2 版)
主编　赖秦超
副主编　曹海丽　桂明军　蒋　勇
责任编辑　刘亚军　栾京辉　罗晓莉
*
北京航空航天大学出版社出版发行

北京市海淀区学院路 37 号(邮编 100191)　http://www.buaapress.com.cn
发行部电话：(010)82317024　传真：(010)82328026
读者信箱：goodtextbook@126.com　邮购电话：(010)82316524
北京时代华都印刷有限公司印装　各地书店经销
*
开本：787×1 092　1/16　印张：11.5　字数：294 千字
2014 年 8 月第 2 版　2014 年 8 月第 1 次印刷　印数：3 000 册
ISBN 978 - 7 - 5124 - 1563 - 8　定价：20.00 元

前　言

　　本书是一本从实际应用出发，以讲授计算机应用基础知识和进行基本技能培训为重点的计算机基础教程。随着计算机技术的迅速发展，以信息技术为基础的知识经济时代已经到来，并且正在影响着人类社会生活的各个方面。当今社会，计算机已不再是一种高科技产品，而是一种必须掌握的工具。每个人都需要在一定程度上了解计算机的基础知识，掌握基本操作，进而能够使用其解决实际问题。目前，计算机应用基础已经成为学校各专业的公共基础课，旨在培养学生使用计算机解决实际问题的能力。作者结合多年的教学和设计实践经验，精心编写了此书。此书以新颖的章节布局、实用的知识和技能贯穿全书，强调实践操作。

　　全书共5章。第1章计算机基础知识，分为安装计算机硬件、安装计算机软件和操作系统介绍三个项目；第2章Word的应用，分为自荐书、校刊、会议邀请函的制作三个项目；第3章Excel的应用，分为某班学生成绩表、制作个人财务收支情况统计表及图表、评选三好学生三个项目；第4章PowerPoint的应用，分为会议主持幻灯片和"自我介绍"演示文稿两个项目；第5章计算机网络基础，分为计算机网络的利与弊和美丽的丽江10日游两个项目。

　　书中各章教学目标清楚，重点、难点突出，有丰富的实例，可使读者轻松学习，且容易上手，从而为进一步学习和应用计算机技术打下坚实的基础。

　　本书由赖秦超任主编，曹海丽、桂明军、蒋勇任副主编，杨寒梅、张建、胡志鹏参编。

目　录

第1章　计算机基础知识 …………………………………………………………… 1

1.1　项目一　安装计算机硬件 …………………………………………………… 1

1.1.1　项目情境 …………………………………………………………… 1

1.1.2　项目分析 …………………………………………………………… 2

1.1.3　项目实施 …………………………………………………………… 2

1.1.4　知识加油站 ………………………………………………………… 7

1.1.5　触类旁通 …………………………………………………………… 9

1.2　项目二　安装计算机软件 …………………………………………………… 10

1.2.1　项目情境 …………………………………………………………… 10

1.2.2　项目分析 …………………………………………………………… 10

1.2.3　项目实施 …………………………………………………………… 11

1.2.4　知识加油站 ………………………………………………………… 15

1.2.5　触类旁通 …………………………………………………………… 17

1.3　项目三　操作系统的应用 …………………………………………………… 18

1.3.1　项目情境 …………………………………………………………… 18

1.3.2　项目分析 …………………………………………………………… 20

1.3.3　项目实施 …………………………………………………………… 22

1.3.4　知识加油站 ………………………………………………………… 31

习题与思考题 ………………………………………………………………… 33

第2章　Word 的应用 ……………………………………………………………… 36

2.1　项目一　制作自荐书 ………………………………………………………… 37

2.1.1　项目情境 …………………………………………………………… 37

2.1.2　项目分析 …………………………………………………………… 37

2.1.3　项目实施 …………………………………………………………… 37

2.1.4　触类旁通 …………………………………………………………… 45

2.2　项目二　制作校刊 …………………………………………………………… 51

2.2.1　项目情境 …………………………………………………………… 51

2.2.2　项目分析 …………………………………………………………… 51

2.2.3　项目实施 …………………………………………………………… 51

2.3　项目三　制作会议邀请函 …………………………………………………… 58

2.3.1　项目情境 …………………………………………………………… 58

2.3.2　项目分析 …………………………………………………………… 58

2.3.3　项目实施 …………………………………………………………… 59

2.3.4　知识加油站 ………………………………………………………… 62

2.3.5　触类旁通 …………………………………………………………… 63

习题与思考题 ………………………………………………………………… 64

第3章　Excel 的应用 ……………………………………………………………… 67

　3.1　项目一　某班学生成绩表 ……………………………………………………… 67

　　3.1.1　项目情境 ……………………………………………………………………… 67

　　3.1.2　项目分析 ……………………………………………………………………… 68

　　3.1.3　项目实施 ……………………………………………………………………… 68

　　3.1.4　知识加油站 …………………………………………………………………… 75

　　3.1.5　触类旁通 ……………………………………………………………………… 82

　3.2　项目二　制作个人财务收支情况统计表及图表 ……………………………… 83

　　3.2.1　项目情境 ……………………………………………………………………… 84

　　3.2.2　项目分析 ……………………………………………………………………… 84

　　3.2.3　项目实施 ……………………………………………………………………… 84

　　3.2.4　知识加油站 …………………………………………………………………… 87

　　3.2.5　触类旁通 ……………………………………………………………………… 88

　3.3　项目三　评选三好学生 ………………………………………………………… 92

　　3.3.1　项目情境 ……………………………………………………………………… 92

　　3.3.2　项目分析 ……………………………………………………………………… 92

　　3.3.3　项目实施 ……………………………………………………………………… 93

　　3.3.4　知识加油站 …………………………………………………………………… 99

　　3.3.5　触类旁通 ……………………………………………………………………… 100

　习题与思考题 ………………………………………………………………………… 104

第4章　PowerPoint 的制作 ……………………………………………………… 108

　4.1　项目一　会议主持幻灯片 ……………………………………………………… 108

　　4.1.1　项目情境 ……………………………………………………………………… 108

　　4.1.2　项目分析 ……………………………………………………………………… 109

　　4.1.3　项目实施 ……………………………………………………………………… 109

　　4.1.4　知识加油站 …………………………………………………………………… 113

　4.2　项目二　"自我介绍"演示文稿 ……………………………………………… 126

　　4.2.1　项目情境 ……………………………………………………………………… 126

　　4.2.2　项目分析 ……………………………………………………………………… 126

　　4.2.3　项目实施 ……………………………………………………………………… 126

　　4.2.4　知识加油站 …………………………………………………………………… 129

　习题与思考题 ………………………………………………………………………… 135

第5章　计算机网络基础 …………………………………………………………… 137

　5.1　项目一　计算机网络的利与弊 ………………………………………………… 137

　　5.1.1　项目情境 ……………………………………………………………………… 137

　　5.1.2　项目分析 ……………………………………………………………………… 137

　　5.1.3　项目实施 ……………………………………………………………………… 137

　　5.1.4　知识加油站 …………………………………………………………………… 147

　　5.1.5　触类旁通 ……………………………………………………………………… 152

5.2　项目二　美丽的丽江 10 日游出行规划 …………………………………………… 155

　　5.2.1　项目情境 …………………………………………………………………… 155

　　5.2.2　项目分析 …………………………………………………………………… 155

　　5.2.3　项目实施 …………………………………………………………………… 155

　　5.2.4　知识加油站 ………………………………………………………………… 163

　　5.2.5　触类旁通 …………………………………………………………………… 170

习题与思考题 …………………………………………………………………………… 173

第1章 计算机基础知识

本章职业能力目标：

1. 理解计算机的实体组成和各个装机硬件，并掌握冯·诺依曼结构体系。
2. 掌握计算机装机硬件的正确安装。
3. 理解计算机软件的基础知识并熟悉计算机操作系统。
4. 掌握 Windows 操作系统安装和其他应用软件的安装。

1.1 项目一 安装计算机硬件

通过本项目的学习，完成一个计算机硬件的基本安装，其实例效果如图 1-1 所示。

1.1.1 项目情境

计算机是一种能够按照指令对各种数据和信息进行自动加工和处理的电子设备。当今，随着社会和科技的发展，计算机已经在人们的学习、生活和工作中起到越来越重要的作用。不用怀疑，在今后，计算机作用的渗透必将影响甚至决定各行各业以及各层的发展。

计算机（computer/calculation machine）这一名词一般在学术性或正式场合使用。日常，计算机被人们叫做"个人计算机"（personal computer，PC），或被俗称为"电脑"。它工作的方式完全是机械式的逻辑运算和判断。

图 1-1 组装完成效果

日常生活中常见的计算机有台式电脑和笔记本电脑两种，如图 1-2 所示。

(a) 台式电脑

(b) 笔记本电脑

图 1-2 常见计算机

今天，计算机已经非常普及，相比数十年前计算机的稀缺，可以发现计算机发展的惊人速度。为了不在时代的进步中落伍，首先通过组装一台台式电脑来掌握计算机硬件知识。

1.1.2 项目分析

硬件(hardware)是所有组成计算机的物理实体,是看得见、摸得着的物理设备。只有硬件没有任何软件支持的计算机称为"裸机"。硬件系统的分类可以有两种:一种是计算机科学定义的硬件系统;另一种是计算机组装定义中的硬件系统。这里讲解计算机组装定义中的硬件并将它们连接、组装在一起。

1.1.3 项目实施

1. 认识计算机装机硬件

平时人们提及的计算机硬件是指具体了的计算机组件,即计算机组装中的硬件组成,包括主板、中央处理器、内存、硬盘、显卡、显示器、网卡及其他设备。

（1）主 板

主板也称母板,是计算机其他硬件的载体。也就是说,其他所有的计算机硬件都要通过主板才能实现功能化。所以,主板是计算机中最基本也是最重要的组件之一。从外观上看,主板为矩形的集成电路板。在主板上安装了组成计算机的主要电路系统,包括 BIOS 芯片、I/O 控制芯片、键盘与面板控制开关接口、主板及外接插入卡的直流电源供电接插件,以及主要控制和扩充插槽等元件。主板的优劣决定了其他部件功能的发挥,再好的其他硬件如果没有主板电路的支持,也不能完全甚至无法发挥自身的工作能力。图 1-3 和图 1-4 所示为两款主板。

图 1-3 支持 intel 平台的主板——技嘉(GIGABYTE) Z77X-UD4H(Intel Z77/Socket LGA1155)

图 1-4 支持 AMD 平台的主板——华硕(ASUS) F2A85-V PRO (AMD A85X FCH/Socket FM2)

（2）中央处理器

中央处理器又称 CPU,是计算机硬件的核心部分。计算机系统的运算器和控制器都是 CPU 组成的核心单元。虽然 CPU 的体积不大,除去散热器只有一小片,但是它却决定了整台计算机的运算和处理速度。计算机中所有的指令都由 CPU 负责读取,并且负责所有指令及其内容的译码工作、运算工作和总体调配工作。另外,为了提高 CPU 的工作效率,加入了"缓存"作为 CPU 运算内容和结果的缓冲存储器。这样一来,CPU 的组织结构就清晰了:由控制、存储和逻辑三大单元紧密协作而成。CPU 的两大生产厂商是 Interl 和 AMD。图 1-5 和图 1-6 所示为两款 CPU。

图 1-5　intel 的 i7 处理器　　　　图 1-6　AMD 的 Phenom X4 处理器

（3）内　存

内存又被称为主存或内存储器，其功能是用于暂时存放 CPU 的运算数据以及与硬盘等外部存储器交换的数据。计算机在工作过程中，CPU 会把需要运算的数据调到内存中进行运算，当运算完成后再将结果传递到各个部件执行。内存主要由内存芯片、电路板、金手指等部分组成，如图 1-7 所示。图 1-8 所示为金士顿内存。

内存芯片

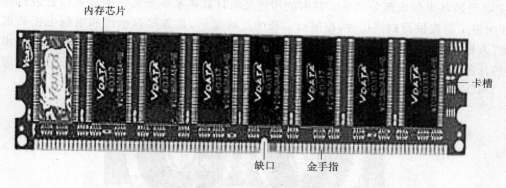

卡槽

缺口　　金手指

图 1-7　内存的组成

内存条在所有硬件中是个很有特点的小家伙。随着计算机产业和材料技术的发展，内存经历了 FPM RAM、EDO RAM、SDRAM、DDR SDRAM、DDR2、DDR3 等几种时代分类的产品。现阶段，DDR3 居主流市场，DDR4 正在跃跃欲试。从相关报道的数据可以看出，DDR4 在性能上较 DDR3 有极大的飞跃。内存条在所有硬件中价格浮动最大，产地因素、搭配产品因素、换代因素、环境因素等造就了内存条在价格上犹如期货般地玩"过山车"，加之内存条单体价格不高，使得不少商家利用这些特点来"炒内存"。所以，同学们在选购内存的时候要把握时机。除了价格，在选购内存的时候还要注意从外观判断，用相关软件查看 SPD 值，了解相关的售后服务。

（4）硬　盘

硬盘是计算机系统中用来存储大容量数据的设备，可以把它看做计算机系统的仓库，其存储信息量大，安全系数也比较高，是长期保存数据的首选设备。硬盘由一个或多个铝制或硅制的碟片组成。这些碟片的外表面覆盖了铁磁性材料。硬盘可以分为固定硬盘和移动硬盘。固定硬盘采用的是 IDE 或 SATA 接口;移动硬盘采用的是 USB 接口。硬盘在所有硬件中最"容易受伤",外界的湿气、粉尘、碰撞震动都会破坏磁盘面或者读针。相比之下,芯片存储技术就有极大的优势。例如,人们使用的 U 盘、手机内存卡等采用的就是芯片存储技术。图 1-9 所示为一款硬盘。

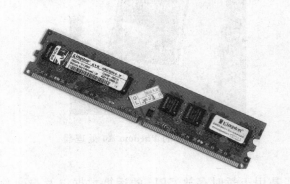

图 1-8　金士顿内存　　　　　　　图 1-9　硬盘

(5) 显　卡

显卡的全称为显示接口卡(video card,graphics card),又称为显示适配器(video adapter),是电脑最基本组成部分之一。显卡的用途是将计算机系统所需要的显示信息进行转换驱动,并向显示器提供行扫描信号,控制显示器的正确显示,是连接显示器和电脑主板的重要元件,是"人机对话"的重要设备之一。显卡作为电脑主机里的一个重要组成部分,承担输出显示图形的任务。对于从事专业图形设计的人来说,显卡非常重要。民用显卡图形芯片供应商主要有 AMD(超威半导体)和 Nvidia(英伟达)两家。图 1-10 所示为一款显卡。

图 1-10　AMD 旗舰显卡——讯景 HD7970

(6) 显示器

显示器(display)通常也被称为监视器。显示器是电脑的 I/O 设备,即输入输出设备。它是一种将一定的电子文件通过特定的传输设备显示到屏幕上再反射到人眼的显示工具。显示器分为 CRT、LCD、LED 等多种。

CRT 显示器:是一种使用阴极射线管(cathode ray tube)的显示器。它是应用最广泛的显示器之一。CRT 纯平显示器具有可视角度大、无坏点、色彩还原度高、色度均匀、可调节的多分辨率模式、响应时间极短等 LCD 显示器难以超过的优点。图 1-11 所示为 CRT 显示器。

LCD 显示器:液晶显示器。其优点是机身薄,占地小,辐射小,给人以一种健康产品的形象。但液晶显示屏不一定能保护眼睛。图 1-12 所示为 LCD 显示器。

LED 显示器：LED 显示屏（LED panel）。LED(light emitting diode)就是发光二极管的英文缩写。它是一种通过控制半导体发光二极管的显示方式，用来显示文字、图形、图像、动画、视频、录像信号等各种信息的显示屏幕。图 1-13 所示为 LED 显示器。

图 1-11　CRT 显示器　　　　图 1-12　LCD 显示器　　　　图 1-13　LED 显示器

（7）网　卡

计算机与外界局域网的连接是通过在主机箱内插入一块网络接口板（或者是在笔记本电脑中插入一块 PCMCIA 卡）实现的。网络接口板又称为通信适配器或网络适配器（network adapter）或网络接口卡（network interface card，NIC），但是现在更多的人愿意使用更为简单的名称——网卡。图 1-14 所示为网卡。

（8）其他设备

其他设备如图 1-15 所示。

2. 配置与安装计算机硬件

如何正确地把计算机各个部分组装在一起是项目实施的主体。

图 1-14　网　卡

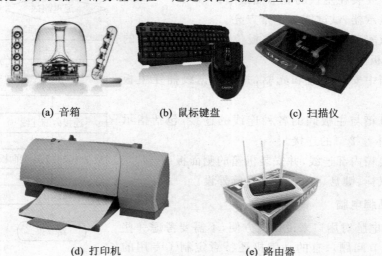

(a) 音箱　　　　　　(b) 鼠标键盘　　　　　　(c) 扫描仪

(d) 打印机　　　　　　(e) 路由器

图 1-15　其他设备

（1）配置、安装前的注意事项

① 装机、选配需要根据实际情况，按照需求和预算来确定，不可过于追求性能和技术参数。如果是自主装机，一定要在装机前反复思考清楚机器的主要用途。由于电子产品日新月异，淘汰率非常高，所以没必要一味追求性能，而需要考虑的是性价比和各种实际情况，既不能落后，也没必要"一步到位"。

② 注意搭配均衡、合理。CPU、主板、显卡、内存等合理搭配决定了整体性能的优劣。要注意各个配件之间的兼容性、均衡性。比如说在选配硬件时，某一些硬件性能参数很高，其他的却一般甚至比较低劣，这样会影响整个硬件系统体系的性能，使较好硬件的性能得不到发挥，造成经济和性能的极大浪费。总而言之，不能因为预算有限就配置不当。装机选配的关键在于兼容性和均衡性。同时也要注意电脑配件的功耗问题，不均衡、不合理的配置将严重制约整机的性能发挥。

③ 配件的选购需要注意品牌。相对来说，品牌效应是通过市场验证过滤出来的保证，建议多考虑品牌知名度高、口碑好的计算机配件。因为这往往是质量和售后服务的保证。

（2）计算机的硬件安装准备

① 先准备一些必需的工具，如十字螺钉旋具（俗称螺丝刀）、尖嘴钳、万用表等。

② 释放身上的静电，如摸地、洗手等。

③ 熟悉装机流程。

（3）计算机装机流程

装机流程（见图1－16）：

① 拆卸机箱。

② 将电源安装在机箱中。

③ 在主板的CPU插座中插入并固定CPU，然后安装CPU散热器。

④ 将内存插入主板的内存插槽中。

⑤ 将显卡安装在主板的显卡插槽中。

⑥ 接上显示器，试试能否正常点亮。

⑦ 将主板安装在机箱内的主板位置上，并将电源的供电线插在主板上。

⑧ 在机箱中安装硬盘和光驱，并将数据线插在主板相应的接口上。

⑨ 进行机箱与主板间的各种连线的连接，包括指示灯、扬声器和外置接口的连接。

⑩ 整理机箱内部连线，并安装机箱的侧面板。

⑪ 连接鼠标、键盘、音箱、显示器等外设。

3. 选购品牌电脑

购置品牌电脑对用户来说比较方便，不需要考虑一些硬件配置的细节问题。有的品牌机还特意定制了专用的软件，集电脑的常用功能于一身。通过图形化的界面与用

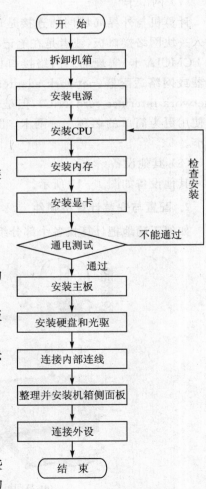

图1－16　装机流程图

户沟通,使得初级用户很容易上手。有些品牌电脑将常用 USB 接口由机箱后部改到机箱前面板,对需要不定期使用 USB 接口的用户(如 USB 数码相机的用户)带来了很大的方便。这在兼容机上要实现就比较困难。进口品牌电脑在布线上井井有条。打开兼容机机箱和进口品牌机机箱就会发现其内部大不一样。现在大部分品牌电脑附带有紧急恢复光盘,一旦电脑软件系统瘫痪,可以在较短的时间内使电脑恢复如初——像刚买来的一样。品牌也是一种无形资产,大的企业讲究信誉,承诺的保修义务能保质保量地完成,不少品牌还承诺上门服务。

选购品牌电脑,首先应根据个人的预算,确定选择哪一类品牌电脑。在确定了品牌档次后就要在同档次各品牌间作比较。例如,配置与价格、售后服务与技术支持、电脑的易用性与外观等都是考虑的因素。

课外实践作业:通过本项目的学习,同学们下来可以去电脑卖场(电脑城或专卖店)调研学习,自己给出两套购机方案,一套为自主装机;一套为从多个品牌和型号中选购一款品牌机。

1.1.4　知识加油站

1. 计算机发展史

现在通过时间来了解计算机是如何发展到今天的面目的。

历史规律显示,最先进的科学技术往往优先应用在军事方面,计算机的诞生也是如此。为了解决在第二次世界大战中后期发展起来的导弹的弹道计算问题,1946 年,世界上出现了第一台电子数字计算机——ENIAC。它是由美国宾夕法尼亚大学莫尔电工学院制造的,占地面积超过 170 m^2,重量约 30 t,消耗近 100 W 的电能。尽管如此,这台巨大的计算机的运算能力也不过 5 000 次/秒。ENIAC 的问世具有划时代的意义,表明计算机时代的到来。在以后的40 多年里,计算机技术发展异常迅速,在人类科技史上还没有一种学科可以与电子计算机的发展速度相提并论。

ENIAC 如图 1 - 17 所示,这是第一代电子计算机其中的主要逻辑元件电子管如图 1 - 18 所示。

图 1 - 17　ENIAC

图 1 - 18　电子管

1956 年,晶体管电子计算机诞生了,这是第二代电子计算机。只要几个大一点的柜子就可将它容下,运算速度也大大地提高了。

晶体管电子计算机的主要逻辑元件晶体管如图 1 - 19 所示。

1959 年出现的是第三代集成电路计算机。图 1－20 所示为集成电路芯片。

1971 年至今所发展的第四代计算机,是第三代计算机的延续,从材料上并没有本质上的发展,但是随着材料学和制造工艺的发展,集成电路迈向了大规模和超大规模时代。集成度成千上万倍的增加,极大地提高了计算机的运算处理能力。图 1－21 所示为第四代计算机处理器。

图 1－19　晶体管　　　　图 1－20　集成电路芯片　　　图 1－21　第四代计算机处理器

值得一提的是,现在家用和商用的 PC 是于 1981 年 8 月 12 日由 IBM 公司发布的 PC—5150,从此掀开了 PC 的新纪元。

2．计算机的分类

从计算机的类型、运行方式、构成器件、操作原理、应用状况等划分,计算机有多种分类。例如,以数据表示方式划分,计算机可分为数字计算机、模拟计算机以及混合计算机三类;按数字计算机所构成的器件划分,曾有机械计算机和机电计算机,现用的电子计算机,正在研究的光计算机、量子计算机、生物计算机、神经计算机等。

传统的计算机分类是就其规模或者系统功能来划分的,如此计算机可以分为巨型、大型、小型和微型计算机。PC 属于微型计算机。

3．计算机的特点

● 记忆能力强。
● 计算精度高与逻辑判断准确。
● 高速的处理能力。
● 能自动完成各种操作。

4．计算机的功能

计算机的主要功能为:

① 科学计算。
② 数据处理。
③ 自动控制。
④ 计算机辅助系统。
⑤ 人工智能。

5．计算机科学定义下的计算机硬件

计算机科学定义中的硬件系统由五大功能部件构成:运算器、控制器、存储器、输入设备和

输出设备。每一个功能部件都在自己的工作岗位完成计算机系统分配的不同任务。

（1）运算器

运算器，顾名思义，其主要功能是负责运算。它是计算机的算术逻辑单元，负责对计算机接收到的数据进行算术运算和逻辑运算的加工处理。需要提及的是，运算器的算法不是数学中所用的十进制，而是机器专用的二进制。

（2）控制器

控制器起着总指挥的作用，全局的数据运算、转换等都由它进行调度。控制器从存储单元中取出指令并完成译码，根据接收到的指令要求按时间顺序向其他各个部件发出控制信号。控制器的工作不像其他功能部件那么单一，它在协调全局时要完成指令寄存、译码、程序计数和操作控制等。

（3）存储器

存储器是计算机系统的记忆部件。从计算机硬件被造出的那一刻起，存储器就开始工作了，它的只读存储部分始终记忆着原始数据和配置，随机存储部分在任何时候都可以接收存储临时需要存储的内容。运算器处理前的数据和处理后的数据都会经控制器的调度在存储器临时存放。为了合理分工，存储器分为内存储器和外存储器。

（4）输出设备

输出设备是输出计算机处理结果的设备，这些设备要保证输出的信号能被信号的接收者所接收。

（5）输入设备

输入设备是给计算机输入信号的设备。

上述五大功能部件完成计算机庞大而复杂任务的示意图见图 1-22。

目前，计算机硬件系统采用的仍是计算机的经典结构——冯·诺依曼结构，即采用总线结构将运算器、控制器、存储器、输入设备和输出设备五大部件连接起来。图 1-22 中框线箭头是控制流，实线箭头是数据流。其具体过程是：

① 通过输入设备将信息输入计算机。

② 计算机将这些信息临时存放在存储器。

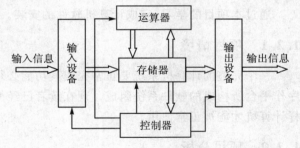

图 1-22　五大功能部件

③ 通过控制器将信息译码成运算器能计算的语言。

④ 控制器将翻译过的信息送给运算器进行运算。

⑤ 运算器返回运算结果，由控制器再次译码运算结果又存放在存储器。

⑥ 通过控制器将临时存储的计算结果反馈给输出设备。

⑦ 最后由输出设备输出人们能识别的信息。

1.1.5　触类旁通

随着计算机工业的深入发展，PC 不断突破原有的界限。比如，结合台式电脑散热性好、运算与处理速度快、存储容量高和笔记本电脑的便携性，在 2008 年前后"一体机"出现在了市场上。图 1-23 所示为一体机。

　　另外一个典型的例子就是大家都在使用的手机。智能机的发布必须建立在相当高的集成度的电子电路设备和功能强大而又稳定的操作系统之上。苹果公司和三星公司无论在商业推广还是从技术革新方面都将智能机的发展推至一个时代的巅峰。现在的智能机,功能强大到可以取代不少 PC 的功能。更有甚者,在 2012 年不少智能机将电脑中才引用的图形显示加速卡(显卡)也配置在了手机上。所以说,现在的手机完全可以当成一部实实在在的电脑了。图 1-24 所示为一款智能手机。

　　另一方面,电脑设计、制造行业为满足不同用户的需求,设计和制造了不少"跨界"电脑,平板笔记本便是一个典型。图 1-25 所示为一款平板笔记本。

图 1-23　一体机　　　　　图 1-24　智能手机　　　　　图 1-25　平板笔记本

1.2　项目二　安装计算机软件

　　通过本项目的学习,完成计算机软件的安装。

1.2.1　项目情境

　　一个完整的计算机系统要正常完成其功能必须由实体所构成的硬件系统以及由数据和程序作平台所构成的软件系统组成。现在读者已经能够组装一台裸机,下面学习软件的安装,这样计算机才能被正常使用。

1.2.2　项目分析

　　计算机软件(computer software)是指计算机系统中的程序及其文档。软件是用户与硬件之间的接口界面。用户主要通过软件与计算机进行交流。软件是计算机系统设计的重要依据。

　　计算机软件总体分为系统软件和应用软件两大类。

　　(1)系统软件

　　系统软件是负责管理计算机系统中各种独立的硬件,使得它们可以协调工作。系统软件包括各类操作系统,如 Windows、Linux、UNIX 等,还包括操作系统的补丁程序及硬件驱动程序,以及语言处理软件、数据库管理系统、网络管理软件等。

（2）应用软件

应用软件是为了某种特定的用途而被开发的软件，可以细分的种类很多。例如，工具软件、游戏软件、管理软件等都属于应用软件类。

图 1－26 所示为计算机软件系统构成图。

软件、硬件与用户间的关系如图 1－27 所示。

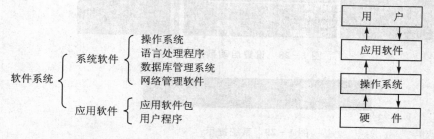

图 1－26　计算机软件系统　　　　图 1－27　软件、硬件与用户间的关系

1.2.3　项目实施

1. 理解操作系统

操作系统（operating system，OS）是管理计算机硬件资源，控制其他程序运行并为用户提供交互操作界面的系统软件的集合。OS 是直接运行在"裸机"上的最基本的系统软件，任何其他软件都必须在操作系统的支持下才能运行。它是用户和计算机的接口，同时也是计算机硬件和其他软件的接口。

操作系统的种类很多，各种设备安装的操作系统可从简单到复杂，可从手机的嵌入式操作系统到超级计算机的大型操作系统。目前流行的现代操作系统主要有 Android、BSD、iOS、Linux、Mac OS X、Windows、Windows Phone 和 z/OS 等。除了 Windows 和 z/OS 等少数操作系统，大部分操作系统都为类 UNIX 操作系统。

2. Windows 操作系统的安装

在安装 Windows XP 之前，需要进行一些相关的设置，BIOS 启动项的调整，硬盘分区的调整以及格式化等。正所谓"磨刀不误砍柴功"，正确、恰当的调整这些设置将为顺利安装系统，乃至日后方便地使用系统打下良好的基础。

（1）BIOS 启动项调整

在安装系统之前首先需要在 BIOS 中将光驱设置为第一启动项。进入 BIOS 的方法随不同 BIOS 而不同，一般来说有在开机自检通过后按 Del 键或者是 F2 键等。进入 BIOS 以后，找到 Boot 项目，然后在列表中将第一启动项设置为 CD ROM（光驱）即可，如图 1－28 所示不同品牌的 BIOS 设置有所不同，详细内容请参考主板说明书。

在 BIOS 将 CD－ROM 设置为第一启动项之后，重启电脑之后就会出现如图 1－29 所示的 Press any key to boot from CD 提示。这时按任意键即可从光驱启动系统。

（2）选择系统安装分区

从光驱启动系统后，就会看到 Windows XP 安装欢迎界面。根据屏幕提示，按下 Enter 键继续进入下一步安装进程。

图 1-28　设置启动顺序

Press any key to boot from CD.._

图 1-29　系统提示

接着会看到 Windows 的用户许可协议界面。当然,这是由微软公司所拟定的,普通用户是没有办法同微软公司来讨价还价的。如果要继续安装 Windows XP,就必须按 F8 键同意此协议以继续安装。

现在进入实质性的 XP 安装过程了。新买的硬盘还没有进行分区,所以首先要进行分区。按 C 键进入硬盘分区界面,如图 1-30。如果硬盘已经分好区,那就不用再进行分区了。

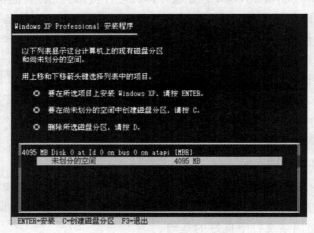

图 1-30　硬盘分区

这里把整个硬盘都分成一个区。当然,在实际使用过程中,应当按照需要把一个硬盘划分为若干分区。关于安装 Windows XP 系统的分区大小,如果没有特殊用途,则以 50GB 为宜。分区结束后,就可以选择要安装系统的分区了。选择好某个分区以后,按 Enter 键即可进入下一步。图 1-31 所示为创建磁盘分区。图 1-32 所示为选择要安装系统的分区。

(3) 选择文件系统

在选择好系统的安装分区之后,就需要为系统选择文件系统了。在 Windows XP 中有 FAT32 和 NTFS 两种文件系统供选择。作为普通 Windows 用户,推荐选择 NTFS 格式。在本例中也选择 NTFS 文件系统,见图 1-33。进行完这些设置之后,Windows XP 系统安装前的设置就已经完成了,接下来就是复制文件,如图 1-34 所示。

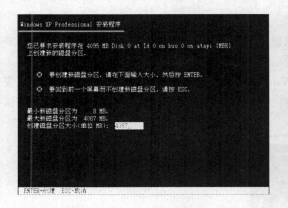

图 1-31　创建磁盘分区

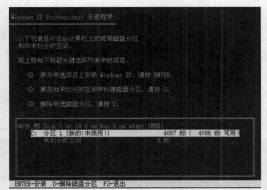

图 1-32　选择要安装系统的分区

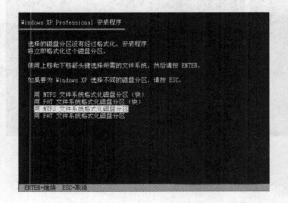

图 1-33　选择 NTFS 文件系统

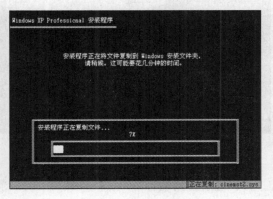

图 1-34　复制文件

开始安装系统,如图 1-35 所示。

这里不需进行任何操作,重启完成进入如图 1-36 所示的界面。

如果提示产品密钥失效,输入其他有效的,可以继续。

其实,接下来都没什么事要做,在漫长的等待后,系统会再次重启,然后就大功告成了,如图 1-37。

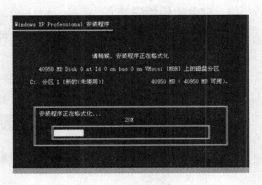

图 1-35　开始安装系统

以上就是一个 Windows XP 系统的安装过程,因为使用的是集成了驱动的系统盘,所以连驱动安装也省了。当然,也可以下载好所有的驱动,进行更新。

注意事项:

① 开机按 Del 键或 F2 键进入 BIOS 设置(不同主板按键不一样,一般是 Del 键,也可能是 F2 键,可以参考主板说明),将计算机的启动模式调成从光盘启动,即从 CDROM 启动。

② 系统安装前一定要在 BIOS 下将光驱设置为第一启动项。台式电脑进入 BIOS 按 Del 键。当然,很多笔记本电脑、品牌机是有快捷键可以选择从光驱或 U 盘启动的(快捷键可能是

F12 键等)。

③ 如果 Ghost 盘等无法安装,可能是硬盘模式设置问题。现在很多笔记本的硬盘模式多默认为 AHCI,可以在 BIOS 下将其改为 IDE 模式。

④ 如果需要升级到 Windows 7,可以在 Windows XP 下直接安装;如果将 Windows 7 安装在 C 盘,Windows XP 系统会被取代;如果将 Windows 7 安装到其他分区,可以完整保留 Windows XP 系统,实现双系统。

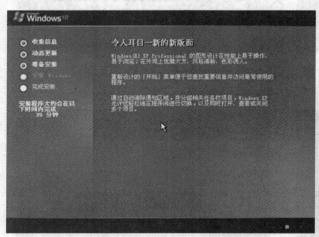

图 1-36　安装 Windows　　　　　　图 1-37　系统再次重启的界面

3. 理解应用软件

应用软件是为了某种特定的用途而被开发的软件。编辑文档可安装 Word,播放音乐可安装 QQ 音乐,看视频可安装暴风影音等。

4. 应用软件的安装

应用程序分为不用安装和需要安装两种。

(1)绿色软件

绿色软件,即不用安装的软件,下载解压后就可以直接使用。例如,双击图 1-38 中的 jsjzx.exw 文件,计算机咨询网的综合搜索引擎就能运行。

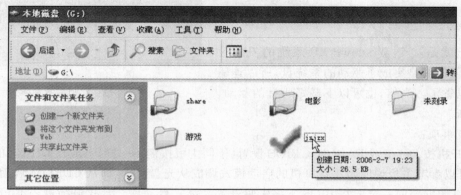

图 1-38　绿色软件的运行程序

（2）需要安装的软件

需要安装的软件，如 Office 2000，双击 setup. exe（有的软件双击 install. exe）就可以安装，如图 1－39 所示。一般都选择同意协议，单击【下一步】按钮，然后选择安装的路径（除了最常用的软件外，其他软件最好安装在 D 盘），输入用户名和单位，然后输入序列号。序列号一般在购买光盘的封面或者安装盘中给出。当然，有的软件在运行时，才需要输入序列号。一些软件不是以字符作为序列号，而是以一个文件作为序列号；而有一些软件，为防止盗版，要加密狗才能运行；还有一些软件，只能在一台电脑上运行安装。然后单击【下一步】按钮就可以运行了。

有的软件安装好了，需要重新启动电脑才可以运行。

图 1－39　安装软件的安装程序

一般情况下，所安装软件的安装程序有 setup. exe 和 install. exe 两种，汉化或者中文版本的软件一般带有"安装"文字，还有少数的软件安装是一个压缩文件包的形式。

1.2.4　知识加油站

计算机进行运算的过程不同于人，它是一种从简单到复杂的过程。所有的电子设备只有通电与不通电两种状态，计算机的运算也基于这两种状态。计算机的逻辑元件中有许多的"小孔"，如果过某个"小孔"通电了，则记录一个值为 1；如果过这个"小孔"不通电，则记录为 0。这样下来所有的记录都为 1 或 0，这便是二进制。

平时，人们的计算每十位就向上进一位数，称为十进制。0 和 1 是两位就进一位，所以称为二进制；同理，八进制则是每 8 位进一位数；十六进制是每 16 位进一位数。

1. 进制简介

（1）十进制

十进制使用 10 个数字（0,1,2,3,4,5,6,7,8,9）记数，基数为 10，逢十进一。

（2）二进制

二进制以 2 为基数,只用 0 和 1 两个数字表示数,逢二进一。二进制数与十进制数遵循一样的运算规则,但显得比十进制更简单。例如:

① 加法:0+0=0,0+1=1,1+0=1,1+1=0。

② 减法:0-0=0,1-1=0,1-0=1,0-1=1。

③ 乘法:0×0=0,0×1=0,1×0=0,1×1=1。

④ 除法:0/1=0,1/1=1,除数不能为 0。

（3）八进制

八进制就是其基数为 8,基数值为 0,1,2,3,4,5,6,7 共 8 个值,逢八进一。八进制与十进制运算规则一样。八进制与十六进制的引用,主要是为了书写和表示方便,因为二进制表示位数比较长。

（4）十六进制

十六进制也是应用非常广泛的一种记数制。在使用者看来,十六进制数是二进制数的一种更加紧凑的表示方法。

十六进制的基数为:0,1,2,3,4,5,6,7,8,9,A,B,C,D,E,F,逢十六进一。在十六进制系统中,数值为 10~15 的数分别用 A~F 表示。

2. 进制换算

进制换算列表见表 1-1。

表 1-1　进制换算

二进制	八进制	十进制	十六进制
0000	0	0	0
0001	1	1	1
0010	2	2	2
0011	3	3	3
0100	4	4	4
0101	5	5	5
0110	6	6	6
0111	7	7	7
1000	10	8	8
1001	11	9	9
1010	12	10	A
1011	13	11	B
1100	14	12	C
1101	15	13	D
1110	16	14	E
1111	17	15	F

（1）二进制数与十进制数之间的转换

① 二进制数转换为十进制数。将每个二进制数按权展开后求和即可。

例如：$(101.101)_2 = 1 \times 2^2 + 0 \times 2^1 + 1 \times 2^0 + 1 \times 2^{-1} + 0 \times 2^{-2} + 1 \times 2^{-3} = (5.625)_{10}$。

② 十进制数转换为二进制数。一般需要将十进制数的整数部分与小数部分分开处理。

整数部分的计算方法：除 2 取余法。

例如：$(53)_{10} = (110101)_2$。

小数部分的计算方法：乘 2 取整法，即每一步将十进制小数部分乘以 2，所得积的小数点左边的数字（0 或 1）作为二进制表示法中的数字，第一次乘法所得的整数部分为最高位。

例如：$(0.5125)_{10} = (0.101)_2$。

（2）八进制数、十六进制数与十进制数之间的转换

八进制数、十六进制数与十进制数之间的转换方法与二进制数同十进制数之间的转换方法类似。

例如：$(73)_8 = 7 \times 8^1 + 3 \times 8^0 = (59)_{10}$；

$(0.56)_8 = 5 \times 8^{-1} + 6 \times 8^{-2} = (0.71875)_{10}$；

$(12A)_{16} = 1 \times 16^2 + 2 \times 16^1 + 10 \times 16^0 = (298)_{10}$；

$(0.3C8)_{16} = 3 \times 16^{-1} + 12 \times 16^{-2} + 8 \times 16^{-3} = (0.142578125)_{10}$。

十进制整数→八进制数的转换方法：除 8 取余。

十进制整数→十六进制数的转换方法：除 16 取余。

例如：$(171)_{10} = (253)_8$；$(2653)_{10} = (A5D)_{16}$。

十进制小数→八进制小数的转换方法：乘 8 取整。

十进制小数→十六进制小数的转换方法：乘 16 取整。

例如：$(0.71875)_{10} = (0.56)_8$；$(0.142578125)_{10} = (0.3C8)_{16}$。

（3）非十进制数之间的转换

① 二进制数与八进制数之间的转换。转换方法是：以小数点为界，分别向左右每三位二进制数合成一位八进制数，或每一位八进制数展成三位二进制数，不足三位者补 0。例如：

$(423.45)_8 = (100\ 010\ 011.100\ 101)_2$；

$(1001001.1101)_2 = (001\ 001\ 001.110\ 100)_2 = (111.64)_8$。

② 二进制数与十六进制数之间的转换。转换方法：以小数点为界，分别向左右每四位二进制合成一位十六进制数，或每一位十六进制数展成四位二进制数，不足四位者补 0。例如：

$(ABCD.EF)_{16} = (1010\ 1011\ 1100\ 1101.1110\ 1111)_2$；

$(101101101001011.01101)_2 = (0101\ 1011\ 0100\ 1011.0110\ 1000)_2 = (5B4B.68)_{16}$。

1.2.5　触类旁通

（1）软件（应用软件）操作界面的定义

软件操作界面（software interface）的定义并不十分统一。狭义上说，软件界面就是指软件中面向操作者而专门设计的用于操作使用及反馈信息的指令部分。优秀的软件界面有简便易用、突出重点、容错高等特点。而广义上讲，软件界面就是某样事物面向外界而展示其特点及功用的组成部分。通常所说的软件界面是指狭义上的软件界面。

图 1-40 所示为 DVDinfo 软件界面。图 1-41 所示为暴风影音软件界面。

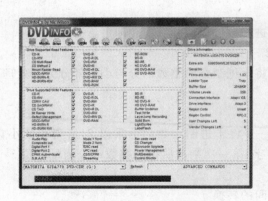

图 1-40　DVDinfo 软件界面　　　　　　　图 1-41　暴风影音软件界面

（2）软件操作界面的组成

软件操作界面主要包括软件启动封面、软件整体框架、软件面板、菜单界面，按钮界面，标签、图标、滚动条及状态栏属性的界面等。不同的软件，无论是系统软件还是应用软件，即使是同一类软件，其操作界面都有可能有很多的不同。这需要同学们在课后不断地接触和积累，达到触类旁通。

1.3　项目三　操作系统的应用

1.3.1　项目情境

工作和学习中最常见的操作系统是单用户多任务的操作系统，最典型的有 Windows 操作系统，如图 1-42 和图 1-43 所示。

图 1-42　Windows XP 操作系统

Windows 操作系统是一款由美国微软公司开发的窗口化操作系统。它采用了 GUI 图形

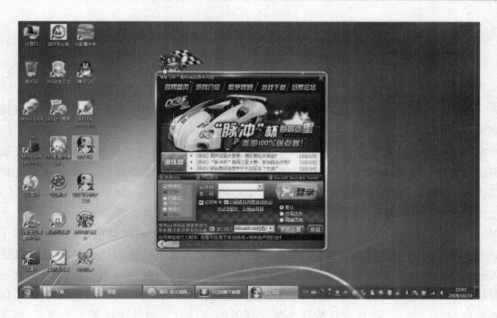

图 1 - 43 Windows 7 操作系统

化操作模式，比起从前的指令操作系统（如 DOS）更为人性化。Windows 操作系统是目前世界上使用最广泛的操作系统。其最新版本是 Windows 8。Windows 原意是"窗户、视窗"的意思。在 Windows 系统出来之前，人们在电脑上所看到的只是枯燥的字幕式的命令或数字。比尔·盖茨开发的"视窗"系统，使人们对电脑的应用更直接，更亲密，更易用。表 1 - 2 为 Windows 家族年鉴。

表 1 - 2 Windows 家族年鉴

Windows 家族				
早期版本	For DOS	• Windows 1.0(1985)	• Windows 2.0(1987)	• Windows 2.1(1988)
		• Windows 3.0(1990)	• Windows 3.1(1992)	• Windows 3.2(1994)
	Windows 9x	• Windows 95(1995)	• Windows 98(1998)	• Windows 98 SE(1999)
		• Windows Me(2000)		
NT 系列	早期版本	• Windows NT 3.1(1993)	• Windows NT 3.5(1994)	• Windows NT 3.51(1995)
		• Windows NT 4.0(1996)	• Windows 2000(2000)	
	客户端	• Windows XP(2001)	• Windows Vista(2005)	• Windows 7(2009)
		• Windows 8(2011)		
	服务器	• Windows Server 2003(2003)	• Windows Server 2008(2008)	
		• Windows Home Serve(2008)	• Windows HPC Server 2008(2010)	
		• Windows Small Business Serve(2011)	• Windows Essential Business Server	
	特别版本	• Windows PE	• Windows Azure	
		• Windows Fundamentals for Legacy PCs		
嵌入式系统		• Windows CE	• Windows Mobile	• Windows Phone(2010)

1.3.2 项目分析

下面重点介绍 Windows XP 和 Windows 7 操作系统。

1. Windows XP

Windows XP 的中文全称为视窗操作系统体验版。它是微软公司发布的一款视窗操作系统。它发行于 2001 年 10 月 25 日,原来的名称是 Whistler。微软公司最初发行了两个版本——家庭版(Home)和专业版(Professional)。家庭版的消费对象是家庭用户;专业版则在家庭版的基础上添加了新的面向商业设计的网络认证、双处理器等特性。家庭版只支持一个处理器,专业版则支持两个。字母 XP 表示英文单词的"体验"(experience)。2011 年 7 月初,微软公司表示将于 2014 年春季彻底取消对 Windows XP 的技术支持。

Windows XP 是基于 Windows 2000 代码的产品,包括了一些细微的修改,还包括了简化的 Windows 2000 的用户安全特性,并整合了防火墙,试图解决一直困扰微软的安全问题。

Windows XP 拥有一个叫做 Luna(月神)的用户图形界面,视窗标志也改为较清晰亮丽的四色窗标志。此外,Windows XP 还引入了一个"选择任务"的用户界面,使得工具条可以访问任务的具体细节。然而,批评家认为这个基于任务的设计只是增加了视觉上的混乱,因为它除了提供比其他操作系统更简单的工具栏以外并没有添加新的特性,而额外进程的耗费又是可见的。

由于微软公司把很多以前是由第三方提供的软件整合到了操作系统中,为此 XP 受到了猛烈的批评。这些软件包括防火墙、媒体播放器(Windows Media Player),即时通讯软件(Windows Messenger),以及它与 Microsoft Passport 网络服务的紧密结合,这都被很多计算机专家认为是安全风险以及对个人隐私的潜在威胁。这些特性的增加被认为是微软公司继续其传统的垄断行为的持续。

2. Windows 7

Windows 7 是由微软公司开发的操作系统,核心版本号为 Windows NT 6.1。Windows 7 可供家庭及商业工作环境、笔记本电脑、平板电脑、多媒体中心等使用。2009 年 7 月 14 日 Windows 7 RTM(Build 7600.16385)正式上线,2009 年 10 月 22 日微软公司于美国正式发布 Windows 7。Windows 7 同时也发布了服务器版本——Windows Server 2008 R2。微软公司称,2015 年,微软公司将取消 Windows 7 的主要技术支持;2020 年,将取消对它的拓展技术支持。

软件的升级带动了硬件的相对升级。对于安装 Windows 7 的最低和推荐配置见表 1-3 和表 1-4。

表 1-3　安装 Windows 7 的最低配置

设备名称	基本要求	备 注
CPU	1GHz 以上	
内存	1GB 及以上	安装识别的最低内存是 512MB,小于 512MB 会提示内存不足(只是安装时提示)。实际上,384MB 就可以较好运行,即使内存小到 96MB 也能勉强运行

续表 1 - 3

设备名称	基本要求	备　注
硬盘	20GB 以上可用空间	安装后大小不变,最好保证安装区有 20GB 的大小
显卡	有 WDDM 1.0 或更高版驱动的集成显卡 64MB 以上	128MB 为打开 Aero 的最低配置;若不打开 Aero,则 64MB 也可以
其他设备	DVD - R/RW 驱动器或者 U 盘等其他储存介质	安装用。如果需要可以用 U 盘安装 Windows 7,但需要制作 U 盘引导
	互联网连接/电话	需要联网/电话激活授权,否则只能进行为期 30 天的试用评估

表 1 - 4　安装 Windows 7 的推荐配置

设备名称	推荐配置	备　注
CPU	1GHz 及以上的 32 位或 64 位处理器	Windows 7 包括 32 位及 64 位两种版本,如果希望安装 64 位版本,则需要支持 64 位运算的 CPU
内存	1GB(32 位)/2GB(64 位)	最低允许 1GB
硬盘	20GB 以上可用空间	不要低于 16GB
显卡	有 WDDM1.0 驱动的支持 DirectX 10 以上级别的独立显卡	显卡支持 DirectX 9 就可以开启 Aero 特效
其他设备	DVD R/RW 驱动器或者 U 盘等其他储存介质	安装使用
	互联网连接/电话	需在线激活或电话激活

Windows 7 操作系统具有以下特点:

易用:Windows 7 做了许多方便用户的设计,如快速最大化,窗口半屏显示,跳转列表(jump list),系统故障快速修复等。

快速:Windows 7 大幅缩减了 Windows 的启动时间。据实测,在 2008 年的中低端配置下运行,系统加载时间一般不超过 20 s,这比 Windows Vista 的 40 余秒相比,是一个很大的进步。(系统加载时间是指加载系统文件所需时间,而不包括计算机主板的自检以及用户登录,且在没有进行任何优化时所得出的数据,实际时间可能根据计算机配置、使用情况的不同而不同。)

简单:Windows 7 使搜索和使用信息更加简单,包括本地、网络和互联网搜索功能,直观的用户体验更加高级,还会整合自动化应用程序提交和交叉程序数据透明性。

安全:Windows 7 包括了改进了的安全和功能合法性,还会把数据保护和管理扩展到外围设备。Windows 7 改进了基于角色的计算方案和用户账户管理,在数据保护和坚固协作的固有冲突之间搭建沟通桥梁,同时也会开启企业级的数据保护和权限许可。

特效:Windows 7 的 Aero 效果华丽,有碰撞效果、水滴效果,还有丰富的桌面小工具。这些都比 Windows Vista 增色不少。但是,Windows 7 的资源消耗却是最低的。不仅执行效率快人一筹,笔记本电脑的电池续航能力也大幅增加。

效率:Windows 7 中,系统集成的搜索功能非常强大,只要用户打开开始菜单并开始输入搜索内容,无论要查找应用程序还是文本文档等,搜索功能都能自动运行,给用户的操作带来极大的便利。

小工具:Windows 7 的小工具更加丰富,并没有了像 Windows Vista 的侧边栏,因此小工具可以放在桌面的任何位置,而不只是固定在侧边栏。2012 年 9 月,微软公司停止了对 Windows 7 小工具下载的技术支持,原因是为了让新发布的 Windows 8 有令人振奋的新功能。

高效搜索框:Windows 7 操作系统资源管理器的搜索框在菜单栏的右侧,可以灵活调节宽窄。它能快速搜索 Windows 中的文档、图片、程序、Windows 帮助甚至网络等信息。Windows 7 操作系统的搜索是动态的,当在搜索框中输入第一个字的时刻,Windows 7 操作系统的搜索就已经开始工作,大大提高了搜索效率。

有人称它为迄今为止最华丽但最节能的 Windows。微软公司总裁称 Windows 7 为最绿色、最节能的系统。说起 Windows Vista,很多普通用户的第一反应大概就是新式的半透明窗口 AeroGlass。虽然人们对这种用户界面褒贬不一,但其能利用 GPU 进行加速的特性确实是一个进步,也继续采用了这种形式的界面,并且全面予以改进,包括支持 DX 10.1。Windows 7 及其桌面窗口管理器(DWM. exe)能充分利用 GPU 的资源进行加速,而且支持 Direct3D 10.1 API。这样做的好处主要有:

① 从低端的整合显卡到高端的旗舰显卡都能得到很好的支持,而且有同样出色的性能。

② 流处理器可用来渲染窗口模糊效果,即俗称的毛玻璃。

③ 每个窗口所占内存相比于 Windows Vista 能降低 50% 左右。

④ 支持更多、更丰富的缩略图动画效果,包括 Color Hot - Track——鼠标滑过任务栏上不同应用程序的图标时,高亮显示不同图标的背景颜色也会不同,并且执行复制程序的状态指示也会显示在任务栏上;鼠标滑过同一应用程序图标时,该图标的高亮背景颜色也会随着鼠标的移动而渐变。

1.3.3 项目实施

1. 开关机

(1) 开　机

在计算机关机的情况下,先打开显示器等外围设备的电源开关,然后接通主机电源,再打开主机机箱的电源开关(Power 键)。如此启动计算机也称为冷启动。

(2) 重新启动

在计算机开启的情况下,由于某种原因造成"死机"或者多个程序失去响应后需要重新启动计算机,这种启动计算机的方法称为热启动。方法一:按住 Ctrl＋Alt＋Delete 组合键,弹出任务管理器进行重新启动。方法二:按一下主机机箱上的 Reset 键(重启键)。方法三:长按机箱上的 Power 键直至电脑断电关机后再重新开机。

(3) 关　机

关机之前,首先要关闭正在运行的任务和程序,后台执行的程序可以不予理会。然后单击【开始】菜单,在弹出的菜单中选择【关闭计算机】选项,在 Windows XP 系统中弹出的【关闭计算机】界面中单击【关闭】按钮,如图 1 - 44 所示;或在 Windows 7 系统中弹出的【关闭 Windows】界面中选择【关机】选项,单击【确定】按钮,如图 1 - 45 所示。

图 1 - 44　Windosw XP 关机界面　　　　　图 1 - 45　Windosw 7 关机界面

2. 进入安全模式

当电脑出现故障时,Windows 会提供一个名为"安全模式"的平台,在这里用户能解决很多问题——不管是硬件(驱动)还是软件的。

安全模式是 Windows 操作系统中的一种特殊模式,经常使用电脑的人肯定不会感到陌生。在安全模式下,用户可以轻松地修复系统的一些错误,达到事半功倍的效果。安全模式的工作原理是在不加载第三方设备驱动程序的情况下启动电脑,使电脑运行在系统最小模式,让用户方便地检测与修复计算机系统的错误。

只要在启动计算机时,在系统进入 Windows 启动画面前,按下 F8 键(或者在启动计算机时按住 Ctrl 键),就会出现操作系统多模式启动菜单,只需要选择 Safe Mode 选项,就可以将计算机启动到安全模式。

另外,在 Windows 的正常模式下,单击【开始/运行】,输入 msconfig,然后在打开的窗口中切换至【一般】选项卡,再勾选【论断启动—仅加载基本设备驱动程序和服务】选项,最后单击【应用/确定】按钮重新启动,系统即会自动进入安全模式。

(1) 在 Windows XP 环境下进入安全模式

在计算机开启 BIOS 加载完之后,迅速按下 F8 键,在出现的【Windows 高级选项菜单】中选择【安全模式】;如果有多系统引导,在选择 Windows XP 启动时,在按下回车键时,就应该迅速地按下 F8 键(最好两只手进行操作),在出现的【Windows 高级选项菜单】中选择【安全模式】,图 1 - 46 所示。

(2) Windows 7 环境下进入安全模式

进入 Windows 7 安全模式的操作和 Windows XP 的操作类似。方法一:开机在进入 Windows 系统启动画面之前按下 F8 键。方法二:启动计算机时按住 Ctrl 键。此时会出现系统多操作启动菜单,只需要选择【安全模式】,就可以直接进入到安全模式了,图 1 - 47 所示。

3. 利用系统自带工具管理操作系统

安装好的操作系统也需要维护和管理,在此项目中应掌握一些重要的系统工具以管理自己的计算机。

(1) 控制面板

控制面板(control panel)是 Windows 图形用户界面的一部分,可通过【开始】菜单访问。它允许用户查看并操作基本的系统设置和控制,比如添加硬件,添加/删除软件,控制用户账户,更改辅助功能选项,等等。图 1 - 48 所示为 Windows XP 的控制面板。图 1 - 49 所示为

Windows 7 的控制面板。

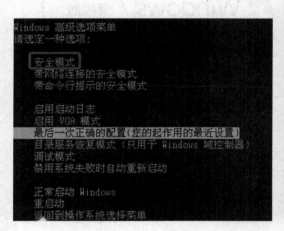

图 1-46　Windows 高级选项菜单

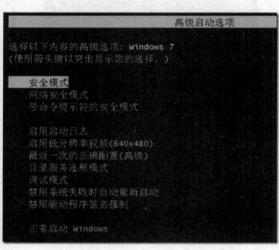

图 1-47　在 Windows 7 下选择安全模式

图 1-48　Windows XP 的控制面板

图 1-49　Windows 7 的控制面板

控制面板中各主要图标所对应的管理项目如下：

辅助功能选项：允许用户配置 PC 的辅助功能。它包含多种主要针对有残疾的用户或者有计算机硬件问题的设置。

添加硬件：启动一个可使用户添加新硬件设备到系统的向导。这可通过从一个硬件列表选择，或者指定设备驱动程序的安装文件位置来完成。

添加或删除程序：允许用户从系统中添加或删除程序。【添加/删除程序】对话框也会显示程序被使用的频率，以及程序所占用的磁盘空间。

日期和时间：允许用户更改存储于计算机 BIOS 中的日期和时间，更改时区，并通过 Internet 时间服务器同步日期和时间。

文件夹选项：这个项目允许用户配置文件夹和文件在 Windows 资源管理器中的显示方式。它也被用来修改 Windows 中文件类型的关联，即意味着使用何种程序打开何种类型的文件。

网络连接：显示并允许用户修改或添加网络连接，诸如本地网络（LAN）和因特网（Internet)连接。它也在一旦计算机需要重新连接网络时为用户提供了疑难解答功能。

（2）系统工具和维护人员工具

系统工具通过【开始】|【所有程序】|【附件】|【系统工具】菜单命令实现；维护人员工具通过
【开始】|【所有程序】|【维护人员工具】菜单命令实现，如图1-50所示。

图1-50 系统工具

图1-51 维护人员工具

系统工具主要包括安全中心、磁盘清理、磁盘碎片整理程序、任务计划和系统还原等。

下面以磁盘清理和磁盘碎片整理程序为例介绍系统工具的使用方法。

在【磁盘清理】对话框中，选择是要仅清理计算机上您自己的文件还是清理计算机上的所有文件。如果系统提示输入管理员密码或进行确认，请键入密码或提供确认，如图1-52所示。

如果显示【磁盘清理：驱动器选择】对话框，请选择要清理的硬盘驱动器，然后单击【确定】按钮。

切换至【磁盘清理】选项卡，然后选中要删除的文件的复选框。

选择完要删除的文件后，单击【确定】按钮，然后单击【删除文件】按钮以确认此操作。磁盘清理将删除计算机上所有不需要的文件。

磁盘碎片整理，就是通过系统软件或者专业的磁盘碎片整理软件对电脑磁盘在长期使用过程中产生的碎片和凌乱文件重新整理，释放出更多的磁盘空间，可提高电脑的整体性能和运行速度。图1-53所示为在Windows XP中的碎片整理。图1-54所示为在Windows 7中的碎片整理。

4. 操作系统界面的个性化

在个性化设置的问题处理上，Windows 7相对Windows XP要优秀很多，而且Windows 7比Windows Vista更少、更有效地利用了系统资源，所以在这个项目中，主要以Windows 7为例进行讲解。

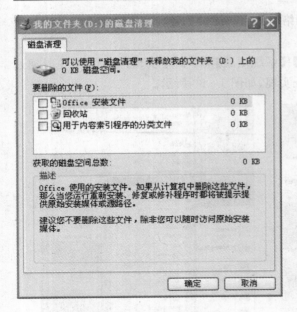

图 1-52 【磁盘清理】对话框

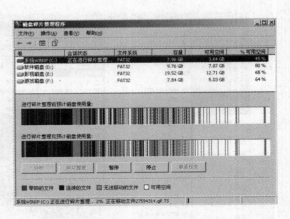

图 1-53 Windows XP 中的碎片整理

(1)附带精美主题

Windows 7 中附带了很多精美主题,方便用户挑选更换。主题的变换将带来整个桌面风格的相应变化,因此在使用电脑时无论是打开单一窗口或是停留在 Windows 7 桌面,丝毫不会感觉有差别。在 Windows 7 的桌面空白处右击,选择【个性化】选项,启动【个性化设置】界面,就能设置主题。微软公司为满足不同用户的喜好,提供了各种各样的可以免费下载的 Windows 7 主题包。如果系统自带的这几个经典主题不是用户想要的,单击窗口右侧的【联机查找更多主题】按钮,系统将自动带用户进入 Windows 7 官方网站的海量主题库,如图 1-55。

图 1-54 Windows 7 中的碎片整理

以上标准化的 Windows 7 主题并非你所想要的也没关系,Windows 7 的桌面可以展现用户的生活,可以用用户珍藏的照片来装饰这个桌面。单击窗口下面左侧的【桌面背景】按钮,可直接在 C:\Users\用户名\AppData\Local\Microsoft\Windows\Themes 下的该主题文件夹的 DesktopBackground 中删除或者增加壁纸。另外,还可以设置图片轮播的间隔时间以及是否按序播放,如果在使用电池,最好勾选上【暂停幻灯片的播放】选项。

(2)可设置系统声效

有了视觉上的享受别忘记了还可以设置 Windows 7 的系统声效。更改系统音效大致可按照以下几个步骤来进行:

① 右击桌面进入个性化窗口。

② 单击下方的【声音】按钮,可以看到声音方案默认为【Windows 默认】。

图 1 - 55

③ 单击【程序事件】中的任意一项,则激活最下方的声音,单击右侧的【浏览】按钮,选择一个 .wav 文件作为系统声音即可。甚至可以更改 Windows 登录时的声音,在每次开机时听到自己中意的音乐。

Windows 7 的灵活个性化可以让用户根据自己的喜好把系统打造成几乎是个人的专属产品,告别 Windows XP 时代一成不变的蓝天白云绿草地,现在的电脑桌面从外观到音效都完全自己说了算!

(3) 设置窗口底色保护眼睛不疲劳

在 Windows 7 中默认的颜色设置下,Word 文档的底色是纯白色,和黑色的文字搭配起来对比强烈,如果显示器的亮度又比较高,那么看上去就会非常刺眼,更容易使眼睛疲劳。因此,将底色修改为灰色可以明显改善这种情况。

在桌面上右击选择【个性化】|【窗口颜色】|【高级外观设置】,在项目中选择【窗口】,在【颜色】中选择【灰色】,然后单击【确定】按钮,文本文档和 Word 文档的底色就都变成灰色了。

还有很多可以自定义的主题和环境设置,如果喜欢,同学们一定要自己动手试一试,做一个自己的电脑空间。

5. 设置日期、时间、语言和显示格式

选择【控制面板】|【区域和语言】|【格式】,这里可以设置了,再单击右下方的【其他设置】还有更具体的。

一般来说,Windows 7 的默认显示方式是时间在上面、日期在下面一共两行,跟以前 Windows XP 的显示方式不一样(Windows XP 只显示时间,当鼠标指着时间时可以显示日期)。Windows XP 的时间、日期和时区的设定与区域和语言选项如图 1 - 56 所示。Windows 7 的时间、日期和时区的设定与区域和语言选项如图 1 - 57 所示。

6. 文件和文件夹的管理

所谓"文件",就是电脑中以实现某种功能或某个软件的部分功能为目的而定义的一个单位。

图 1-56 Windows XP 的时间、日期、时区设定与区域和语言选项

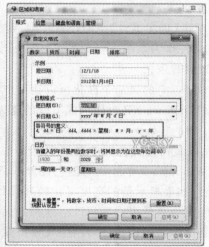

图 1-57 Windows 7 的日期、时间和时区的设定与区域和语言选项

文件有很多种,运行的方式也各有不同。一般来说,可以通过文件名来识别文件的类型。特定的文件都会有特定的图标(就是显示这个文件的样子),也只有安装了相应的软件,才能正确显示这个文件的图标。

文件夹,是专门装整页文件用的,主要目的是为了更好地保存文件,使它整齐规范。普通计算机文件夹是用来协助人们管理计算机文件的,每一个文件夹对应一块磁盘空间,它提供了指向对应空间的地址,它没有扩展名,也就不像文件那样用扩展名作为标识。但它有几种类型,如文档、图片、相册、音乐、音乐集等。

文件的名称是为了表示该文件区别于其他文件的一种重要方式,目的是为了方便管理资源,但是文件或文件夹的名称有命名的具体规则和注意事项。

文件名称由两部分组成,格式为:文件名.扩展名。比如 abc123.MP3,就是指文件名为 abc123 的 MP3 歌曲文件。文件名指的是文件的名称,而扩展名表现了文件的类型。

文件夹不需要文件类型来注释,所以文件夹没有扩展名。

在同一目录地址下,相同类型的文件不可以重名。

文件处于编辑状态或可读状态时,文件不可以重命名。

图1-58和图1-59所示为Windows XP的两种文件管理方式。图1-60所示为Windows 7的文件管理方式。

 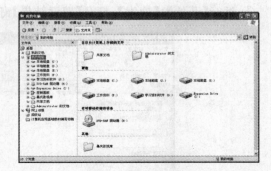

图1-58　Windows XP【我的电脑】文件管理方式　　图1-59　Windows XP【资源管理器】文件管理方式

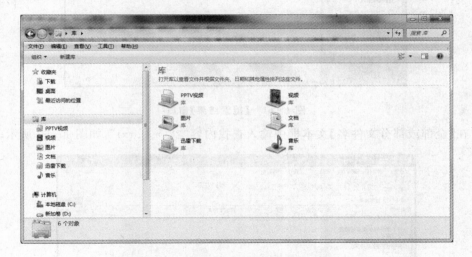

图1-60　Windows 7的文件管理方式

7. 搜　索

为了查找文件或者文件夹,但是又记不清楚文件的名称时,可以引入"通配符"的概念。通配符是一种特殊语句,主要有星号(＊)和问号(?),用来模糊搜索文件。当查找文件夹时,可以使用它来代替一个或多个真正字符;当不知道真正字符或者不想输入完整名字时,常常使用通配符代替一个或多个真正的字符。

星号(＊):可以使用星号代替0个或任意多个字符。如果正在查找以AEW开头的一个文件,但不记得文件名的其余部分时,可以输入AEW＊,查找以AEW开头的所有文件类型的文件,如AEWT.txt、AEWU.EXE、AEWI.dll等。要缩小范围可以输入AEW＊.txt,查找以AEW开头的并以.txt为扩展名的所有文件,如AEWIP.txt、AEWDF.txt。

问号(?):可以使用问号代替一个字符。如果输入love?,可查找以love开头的一个字符结尾文件类型的文件,如lovey、lovei等。要缩小范围可以输入love?.doc,查找以love开头的一个字符结尾并以. doc 为扩展名的文件,如 lovey. doc、loveh. doc。

下面以 Windows XP 为例讲解如何查找一个文件。

已知文件类型为 txt 记事本,文件名中第三个字母为 a,现将这个文件找出来,操作步骤如下:

① 运行【开始】|【搜索】,打开【搜索结果】窗口,如图 1-61 所示。

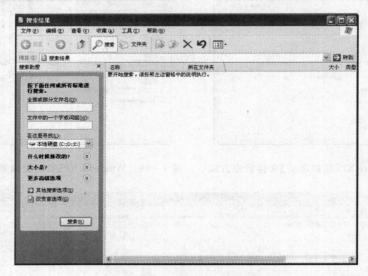

图 1-61 【搜索结果】窗口

② 在【全部或部分文件名】文本框中输入查找内容"?? a * . txt",如图 1-62 所示。

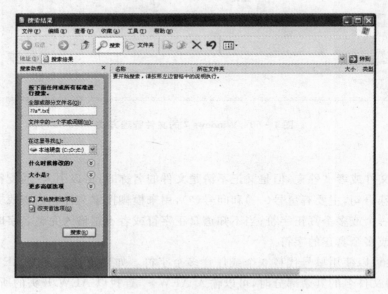

图 1-62 输入查找内容

③ 右边文件窗口中会显示查找到的所有满足条件的文件,如图 1-63 所示。

Windows XP 与 Window 7 的搜索界面对比如图 1-64 所示。

图 1-63　显示满足条件的文件

(a) Windows XP搜索界面

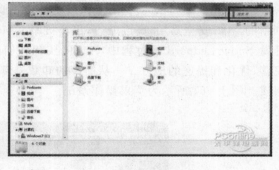

(b) Windows 7搜索界面

图 1-64　Windows XP 与 Window 7 搜索界面对比

1.3.4　知识加油站

手机操作系统和苹果操作系统介绍如下。

1. 手机操作系统

手机操作系统一般只应用在高端智能化手机上。目前,在智能手机市场上,中国市场仍以个人信息管理型手机为主,随着更多厂商的加入,整体市场的竞争已经开始呈现出分散化的态势。从市场容量、竞争状态和应用状况来看,整个市场仍处于启动阶段。目前应用在手机上的操作系统主要有 Palm OS、Symbian(塞班)、Android(安卓)、iOS、Black Berry(黑莓)OS 6.0、Windows Phone 8 等。

这里重点看看 Android 操作系统。Android 是 Google 开发的基于 Linux 平台的开源手机操作系统。它包括移动电话工作所需的全部软件——操作系统、用户界面和应用程序,而且不存在任何以往阻碍移动产业创新的专有权障碍。Google 与开放手机联盟合作开发了 Android,这个联盟由包括中国移动、摩托罗拉、高通、宏达电子和 T - Mobile 在内的 30 多家技术和无线应用的领军企业组成。图 1 - 65 所示为 PC 版安卓。图 1 - 66 所示手机的安卓操作系统。

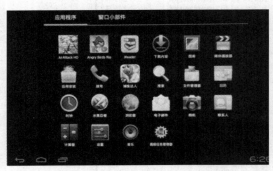
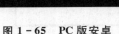

图 1 - 65　PC 版安卓　　　　　图 1 - 66　手机的安卓操作系统

2. 苹果操作系统

Mac OS X 是全球领先的操作系统。基于坚如磐石的 UNIX 基础,设计简单直观,让处处创新的 Mac 安全易用,高度兼容,出类拔萃。Mac OS X 以简单易用和稳定可靠著称。因此在开发 Snow Leopard 的过程中,Apple 工程师们只有一个目标:精益求精。他们不断寻找可供完善、优化和提速的地方——从简单的卸载外部驱动到安装操作系统。超凡品质如今更上一层楼。图 1 - 67 所示为苹果操作系统。

图 1 - 67　苹果操作系统

习题与思考题

一、选择题

1. 在 Windows XP 主窗口的右上角显示的按钮是（　　　）。
   A. 最小化、还原和最大化　　　　　　　B. 还原、最大化和关闭
   C. 最小化、还原和关闭　　　　　　　　D. 还原和最大化

2. 在 Windows XP 资源管理器的各种文件对象查看风格中，（　　　）是默认的显示风格。
   A. 缩略图风格　　　　　　　　　　　　B. 图标风格
   C. 详细信息风格　　　　　　　　　　　D. 平铺风格

3. 中央处理器又叫 CPU，它是由（　　　）组成的。
   A. 运算器、控制器　　　　　　　　　　B. 存储器、输入设备
   C. 输出设备、输入设备　　　　　　　　D. 运算器、存储器

4. 想查看隐藏文件需要在（　　　）菜单下文件夹选项内设置。
   A. 文件　　　　　　B. 工具　　　　　　C. 查看　　　　　　D. 编辑

5. 在 Windows XP 的"资源管理器"窗口中，其左部窗口中显示的是（　　　）。
   A. 当前打开的文件夹的内容　　　　　　B. 系统的文件夹树
   C. 当前打开的文件夹名称及其内容　　　D. 当前打开的文件夹名称

6. 在（　　　）中，文件名必须是唯一的。
   A. 同一磁盘的不同目录　　　　　　　　B. 不同磁盘的相同目录
   C. 同一磁盘的同一目录　　　　　　　　D. 不同磁盘

7. 在 Windows XP 的窗口中，选中末尾带有省略号（…）的菜单意味着（　　　）。
   A. 将弹出下一级菜单　　　　　　　　　B. 将执行该菜单命令
   C. 表明该菜单项已被选用　　　　　　　D. 将弹出一个对话框

8. 在 Windows "资源管理器"的左窗格中目录图标上，有"－"号的表示（　　　）
   A. 当前活动文件夹　　　　　　　　　　B. 是一个可执行文件
   C. 是一个没有子文件夹的文件　　　　　D. 该文件夹的子文件夹已展开

9. 以下（　　　）是计算机软件。
   A. 键盘　　　　　　B. Windows 95　　　C. 打印机　　　　　D. 显示器

10. 操作系统是一种（　　　）软件。
    A. 实用　　　　　　B. 应用　　　　　　C. 编辑　　　　　　D. 系统

11. 全部选中所编辑文档的快捷键是（　　　）。
    A. Ctrl＋A　　　　　B. Ctrl＋V　　　　　C. Ctrl＋C　　　　　D. Alt＋A

12. 完整的计算机系统是由（　　　）组成的。
    A. 主机和外设系统　　　　　　　　　　B. 硬件系统和软件系统
    C. 输入和输出　　　　　　　　　　　　D. Windows 系统和 Unix 系统

13. 在下列设备中，只属于输出设备的是（　　　）。
    A. 硬盘　　　　　　B. 键盘　　　　　　C. 鼠标　　　　　　D. 打印机

14. Windows 中一般情况下能改变大小的是（   ）。
    A. 桌面   B. 窗口   C. 对话框   D. 图标

15. 在查找文件时，如果输入的是"abc?.mp3"，则会查找到（   ）。
    A. 以 abc 开头，任意长度结束的所有文件
    B. 以 abc 开头，任意一个字符作为结束的所有文件
    C. 以 abc 开头，任意长度结束的 mp3 音乐文件
    D. 以 abc 开头，任意一个字符作为结束的 mp3 音乐文件。

16. 硬盘驱动器是计算机中的一种外存储器，它的重要作用是（   ）。
    A. 保存处理器将要处理器的数据或处理的结果
    B. 保存用户需要保存的程序和数据
    C. 提供快速的数据访问方法
    D. 使保存其中的数据不因掉电而丢失

19. 下面哪一个操作系统是苹果公司的产品（   ）。
    A. MAC OS   B. Windows   C. Linux   D. Dos

20. （   ）是衡量一个国家计算机工业水平的重要标准。
    A. 小型机   B. 中型机   C. 大型机   D. 巨型机

21. 控制面板中的（   ）可以设置电脑的时间和时区。
    A. 添加删除程序   B. 用户帐户
    C. 日期、时间、语言和区域设置   D. 程序

22. 在（   ）模式下，可以修复系统的一些错误，方便用户检测和修复计算机。
    A. 正常   B. 安全   C. 最小化   D. 最大化

二、填空题

1. 在 Windows 中，菜单名后带_____符号的菜单命令，表示打开这种命令会弹出一个对话框。

2. 查找文件时可以使用通配符_____代替任何一个字符；_____代替任意多个字符。

3. 在 Windows 中，菜单栏为灰色时，是指当前命令_____。

4. 一个完整的计算机系统由硬件和_____两部分组成

5. 按下_____组合键，就可以完全删除文件而不需要进入回收站。

6. Windows XP 是一种_____操作系统

7. 按下_____组合键代表复制；按下_____组合键代表剪切；按下_____组合键代表粘贴。

8. 作为计算机主机里的一个重要组成部分，承担着输出显示图形任务的硬件是_____。

9. 计算机软件分为_____和_____。

10. 储存容量中，1GB=_____MB。

11. 目前，计算机界把计算机分为巨型机、大型机、中型机、小型机和_____等5类。

12. 显示器是微机系统的_____设备。

13．热启动（重新启动）应同时按下的组合键是＿＿＿＿＿＿＿＿＿＿＿＿＿＿。

14．CPU 由＿＿＿＿＿＿＿和＿＿＿＿＿＿＿＿两大部件组成。

15．现在的个人电脑简称＿＿＿＿＿＿。

16．Windows 系列属于＿＿＿＿＿＿软件，微软公司开发的 office 系列属于＿＿＿＿＿＿软件。（提示：应用软件或系统软件）

17．在记事本中打开文本文件的默认扩展名为＿＿＿＿＿＿。

三、判断题

1．计算机的存储器可以分主存储器和辅助存储器两种。（　　　）

2．使用上档键（Shift）和大写字母锁定键，都可输入英文大写字母。（　　　）

3．Windows 回收站中的文件不占用硬盘空间。（　　　）

5．在 Windows 中，将可执行文件从"资源管理器"或"我的电脑"窗口中用鼠标右键拖到桌面上可以创建快捷方式。（　　　）

6．随机存储器（RAM）可以随机地读写信息，断电后所存信息不会丢失。（　　　）。

7．显示器显示的信息既有用户输入的内容又有计算机输出的结果，因此，显示器既是输入设备，又是输出设备。（　　　）。

8．磁盘容量的基本单位一般采用字节。（　　　）。

9．使用任何一种杀毒软件，即可清除所有病毒。（　　　）。

10．Windows XP 中，可以查找文件夹及文件。（　　　）

11．计算机病毒是一种计算机程序。（　　　）。

12．回收站中的文件可恢复。（　　　）。

13．在 Windows XP 的资源管理器中，利用"文件"菜单中的"重命名"既可以对文件改名，也可以对文件夹改名。（　　　）

14．在 Windows XP 中任务栏的位置和大小是可以由用户改变的。（　　　）

15．Windows XP 在多用户使用的情况下，每个用户可以有不同的桌面背景。（　　　）

16．键盘上的 Enter 键是回车换行键，也可以做确定键。（　　　）。

17．在 Windows XP 中，删除桌面上的快捷方式，它所指向的项目同时也被删除。（　　　）

18．要找到一个打开的、被缩小的窗口的唯一办法就是寻找任务栏上的按钮。（　　　）

19．操作系统是计算机最基本的系统软件。（　　　）。

20．计算机中的字节（Byte）是储存信息的最小单位。（　　　）

21．桌面背景可以任意设置。（　　　）。

22．一个完整的计算机系统应包括硬件系统和软件系统。（　　　）。

23．Windows XP 的所有类型的窗口大小可以任意改变。（　　　）。

24．1 KB 的准确值为 1000 字节。（　　　）

四、简答题

1．计算机硬件的五大功能部件是哪五个？

2．计算机软件可以分为哪几类？

3．计算机系统掉电后，哪些存储器丢失信息？哪些存储器不丢失信息？

4．请写出 5 种快捷组合键，并说明是什么操作。

第 2 章　Word 的应用

本章职业能力目标：

1. 了解 Word 的基本操作，包括字符、段落和页面的格式化，表格的绘制和插入，利用页面组成元素的排列组合美化页面。

2. 熟练掌握文字在页面中的排版技巧、绘制简单的图形，并熟练掌握图形和文字的混排方式，并通晓在 Word 中表格的基本操作。

3. 运用 Word 等完成日常生活中所遇到的一系列关于页面处理的问题。

对于现在的求职者来说，写一份精彩有效的个人简历是求职过程中必不可少的一步，也是最难的一部分。简单地说，个人简历就是获得心仪工作的第一块敲门砖。它精彩与否将直接决定求职者是否能获得面试的机会。所以，个人简历在求职过程中的重要性也就显而易见了。那么，怎样书写一份好的简历，才能让求职者在万千的应聘者中脱颖而出呢？首先，要明白个人简历在整个求职过程中的角色和作用。从招聘公司的角度来讲，一份好的个人简历应能展现出求职者的能力、特点和兴趣，并能突显求职者的进步和成就。

制作个人简历的要点是：简明扼要、切中要点、朴实无华、坦白真切。

自荐书效果图如 2-1 所示。

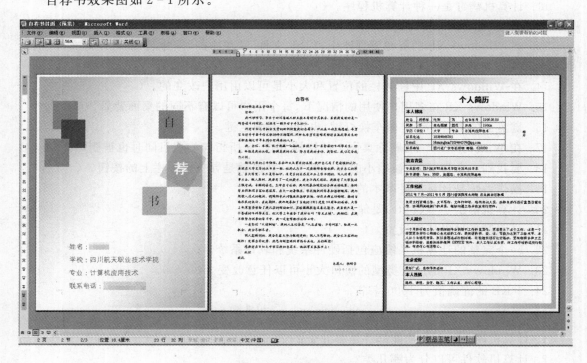

图 2-1　自荐书效果图

2.1 项目一 制作自荐书

2.1.1 项目情境

某高校应届毕业生准备应聘某计算机公司软件开发部门中的程序员一职。

2.1.2 项目分析

自荐书由自荐书封面、自荐信和个人简历组成。

封面的样式有多种多样,但还是应以简洁美观为主,个人信息(如姓名、电话等)一定要清晰明了。

关键词:图片的插入,图片的编辑,艺术字的插入,艺术字的编辑。

2.1.3 项目实施

1. 自荐书封面的制作

具体实现步骤如下:

① 打开 Word,新生成一个空白页面,选择菜单命令【格式】|【背景】|【填充效果】,打开如图 2-2 所示的【填充效果】对话框,在【渐变】选项卡中选择【双色】单选按钮,并分别选择【颜色 1】和【颜色 2】的颜色,然后在【底纹样式】选项组中选择一个自己喜欢的样式,单击【确定】按钮。页面变化成如图 2-3 所示。

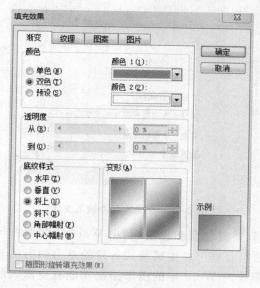

图 2-2 【填充效果】对话框   图 2-3 为自荐书封面填充效果

② 选择菜单命令【插入】|【图片】|【自选图形】,在页面上绘制如图 2-4 所示的图形,并选中图形,双击,修改其填充颜色如图 2-4 所示,并选中相应的图形,右击,在下拉菜单中选择【添加文字】选项,最终效果如图 2-5 所示。

图 2-4　在自荐书封面上绘制图形并修改其填充色　　图 2-5　为自荐书封面添加文字

③ 选择菜单命令【插入】|【文本框】|【横版】,在自荐书封面的下方绘制文本框,并双击此文本框,在弹出的如图 2-6 所示的【设置文本框格式】对话框中选择【无填充色】,并在文本框中,按自荐书封面所示输入文字,自荐书封面就做好了,如图 2-7 所示。

图 2-6　【设置文本框格式】对话框　　　　图 2-7　在文本框中输入文字

注意:不要小看 Word 中的图形绘制功能,只要有创意和想法,利用 Word 中的图样可以绘制出各种各样的图形,对这些图形进行完美的组合就可以生成各式各样的魅力四射的页面了。以下给出两个例子,希望通过此例子的学习能对 Word 中的图形绘制功能有更深入的了解和认识。

2. 自荐信的制作

自荐信的主要作用是专门针对即将应聘的公司,并对所需要应聘的岗位进行一个大概的阐述,说明自己的优势。针对不同公司的不同岗位自荐信的内容也要有所修改。

关键词：文字格式化，段落格式化。

具体实现步骤如下：

（1）文字格式化

选择菜单命令【格式】|【字体】，如图 2-8 所示，打开如图 2-9 所示的【字体】对话框，对选中的文字可以进行【字体】【字号】【字形】【字体颜色】【下划线线型】【下划线颜色】【字符间距】【文字效果】的设置。

（2）段落格式化

选择菜单命令【格式】|【段落】，打开如图 2-10 所示的【段落】对话框，可以在此对话框中对选中的段落进行【对齐方式】【缩进】、段落之间的【间距】、构成段落的行与行之间的【行距】等设置。

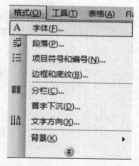

图 2-8　选择【格式】|
【字体】菜单命令

值得注意的是，在 Word 中对齐方式有五种，分别是左对齐、居中对齐、右对齐、两端对齐和分散对齐，见图 2-11。

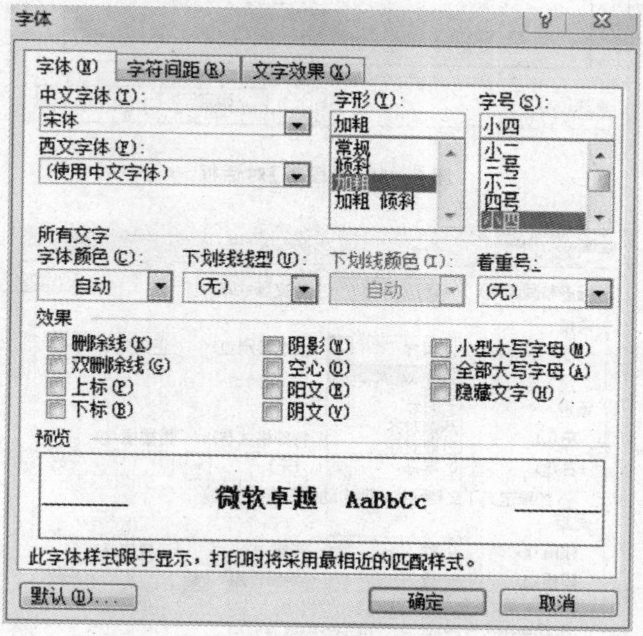

图 2-9　【字体】对话框

在 Word 的缩进方式中除了常见的左缩进、右缩进之外，还有两种特色的缩进方式，一种是【首行缩进】；另一种是【悬挂缩进】。这是两种效果相反的方式。

首行缩进：只缩进选中的所有段落中的第一行。

悬挂缩进：只缩进选中的所有段落中除了第一行以外的所有行。

【段落】对话框中的特殊缩进方式见图 2-12。

小提示：除了可以用以上方法来对文字和段落进行格式化之外，还有更为简单快捷的方式，具体方法如下：

Word 的窗口组成中有一个菜单栏，叫【格式栏】。可以通过此菜单栏对段落或是文字进行格式化。图 1-13 所示为【格式栏】。

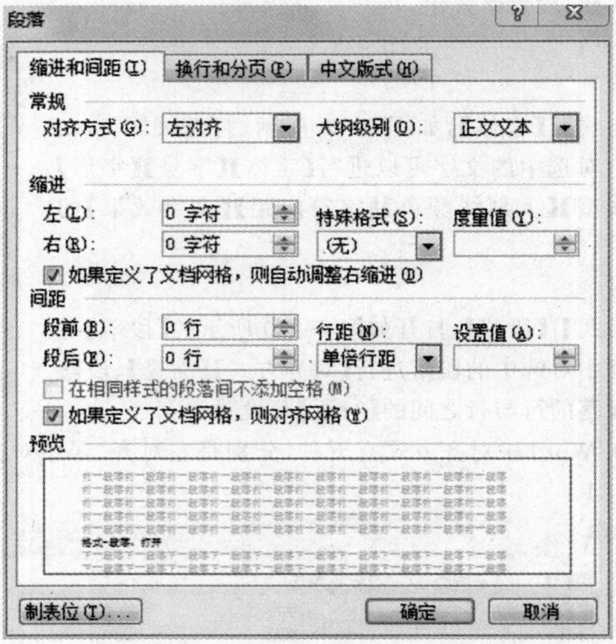

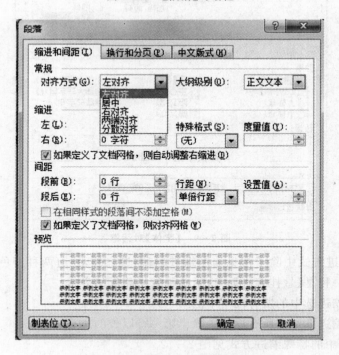

图 2 - 10 【段落】对话框

图 2 - 11 【段落】对话框中的对齐方式

　　提示:通过此菜单栏不能完成段落格式化中的缩进。缩进可以通过 Word 中的水平标尺(见图 2 - 14)来完成。标尺的左右方有几个"三角形"和一个"矩形",每一个分别代表一种缩进方式,如图 2 - 15 所示。

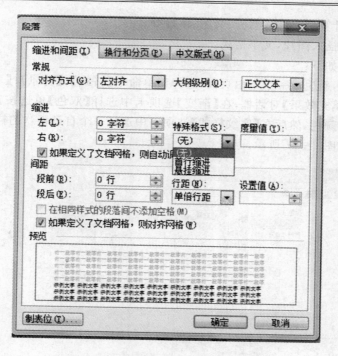

图 2 - 12　【段落】对话框中的特殊缩进方式

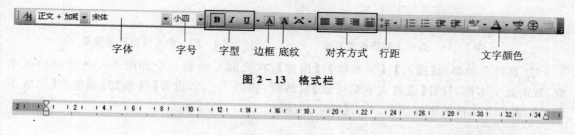

字体　　字号　字型　边框 底纹　对齐方式　行距　　　文字颜色

图 2 - 13　格式栏

图 2 - 14　水平标尺

3. 个人简历的制作

个人简历在整个自荐书中是最为重要的,它是自荐书中个人信息最完整的一部分。很多用人单位都是只看个人简历。个人简历的样式多种多样,可以是表格的形式,也可以是其他形式。本项目以表格为基础来讲解个人简历的制作方法。

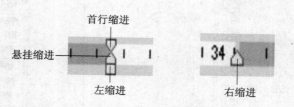

图 2 - 15　标尺上各个图形代表的缩进方式

个人简历一般应包括以下几个方面的内容:

个人资料:姓名、性别、出生年月、家庭地址、政治面貌、婚姻状况、身体状况、兴趣、爱好、性格等。

学业有关内容:就读学校、所学专业、学位、外语及计算机掌握程度等。

本人经历:入学以来的简单经历,主要是担任社会工作或加入党团组织等方面的情况。

所获荣誉:三好学生、优秀团员、优秀学生干部、专项奖学金等。

本人特长：如计算机、外语、驾驶、文艺、体育等。

关键词：表格，插入图片，文字格式。

具体实现步骤如下：

① 打开 Word，新生成一个空白页面，选择菜单命令【格式】|【背景】|【填充效果】，打开如图 2-16 所示的【填充效果】对话框，在【渐变】选项卡中选择【双色】单选按钮，并分别选择【颜色1】和【颜色2】的颜色，然后在【底纹样式】选项组中选择一个自己喜欢的样式，单击【确定】按钮。页面变化成如图 2-17 所示。

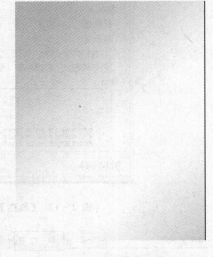

图 2-16　为个人简历设置底纹　　　　　图 2-17　个人简历底纹效果

② 选择菜单命令【插入】|【文本框】|【横排】，在页面上绘制一个如图 2-18 所示的文本框，双击此文本框，打开【设置文本框格式】对话框，如图 2-19，设置【线条】的颜色为【无线条颜色】，去掉文本框的边框颜色，单击【确定】按钮。

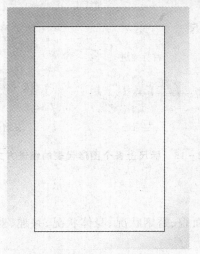

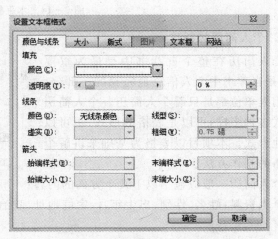

图 2-18　绘制文本框　　　　　　图 2-19　设置文本框格式

③ 选中文本框，并将光标插入到此文本框中，选择菜单命令【表格】|【插入表格】，生成一个"1列25行"的表格，如图 2-20 所示，并选中新插入的表格，在格式栏中单击【居中对齐】按

钮,使整个表格在文本框中居中,如图 2-21 所示。

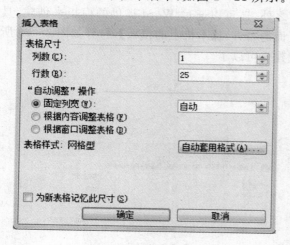

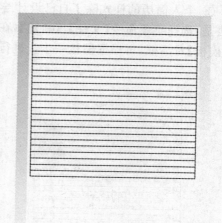

图 2-20　生成表格　　　　　　　　　　图 2-21　使表格在文本框中居中

④ 选中表格,选择菜单命令【表格】|【绘制表格】,打开【绘制表格工具栏】,单击【绘制表格】按钮,绘制表格,并选中多余的表格右击,对单元格进行合并,绘制出如图 2-22 所示的表格。

⑤ 在单元格中填入相应的内容,并根据内容的大小调整表格的大小,在放置相片的地方,通过菜单命令【插入】|【图片】|【来至文件】插入相应的图片,结果如图 2-23 所示。

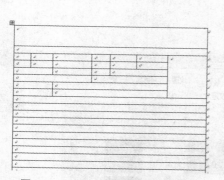

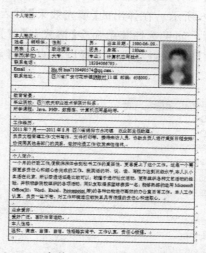

图 2-22　绘制表格与合并单元格　　　　图 2-23　在单元格中填入内容并插入相片

⑥ 按下 Ctrl 键,选中需要着重显示的行,选择菜单命令【格式】|【边框和底纹】,在【底纹】选项卡中选择相应的颜色,单击【确定】按钮,将表格全部选中并右击,在下拉菜单中选择【单元格对齐方式】|【垂直居中左对齐】命令,再将第一行选中,设置【单元格对齐方式】|【垂直水平居中】,并修改其文字样式为四号、加粗、黑体,其他文字样式为黑体、五号。

⑦ 选择菜单命令【文件】|【页面设置】|【纸张】|【纸张大小】|【A4】,单击【确定】按钮。到此为止,个人简历就制作完成了。其页面样式如图 2-24 所示。

❖ 小技巧：

① 个人简历的样式除了自己设计绘制之外，还可以通过 Word 提供的模板来创建，具体方法是：选择菜单命令【文件】|【新建】(在页面的右方)|【本机上的模板】，打开如图 2-25 所示的【模板】对话框，再根据模板一步步进行创建就可以了。

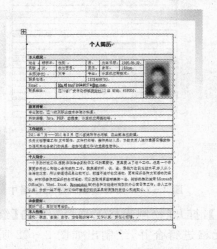

图 2-24　个人简历的页面样式　　　　　　　　　图 2-25　【模板】对话框

② 页面的背景除了可以用【渐变】外，也可以用 Word【填充效果】对话框中【纹理】【图案】【图片】选项卡所提供的各种效果作为背景，方法是：选择菜单命令【格式】|【背景】|【填充效果】(如图 2-26 所示)，在弹出的【填充效果】对话框中通过相应的选项卡(图 2-27～图 2-29)进行设置即可。如果选择菜单命令【格式】|【背景】|【水印】，系统将弹出【水印】对话框，以用于为背景设置水印。除此之外，还可以用自己喜欢的各种 JPG 或 BMP 格式的图片作为页面的背景。

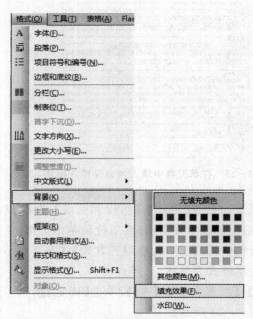

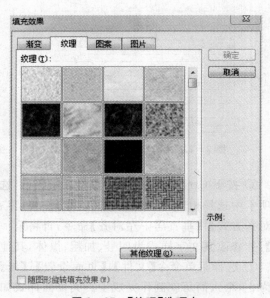

图 2-26　背景设置菜单命令　　　　　　　　　　图 2-27　【纹理】选项卡

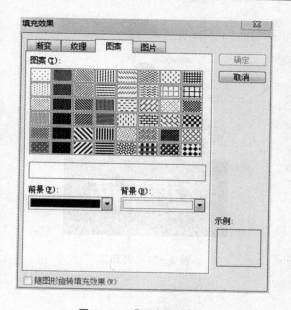

图 2－28　【图案】选项卡

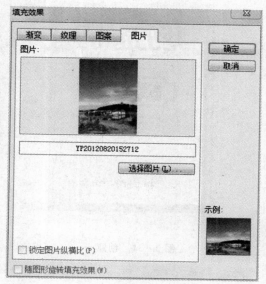

图 2－29　【图片】选项卡

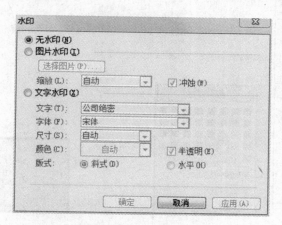

图 2－30　【水印】对话框

2.1.4　触类旁通

1. 在 Word 中制作创意自荐书封面

下面制作创意一和创意二两个自荐书封面，其效果图如图 2－31 和图 2－32 所示。

（1）制作创意一

制作创意一的具体操作如下：

① 打开 Word，新生成一个空白页面，选择菜单命令【格式】|【背景】，在颜色选择框中选中【黄色】，如图 2－33 所示。

② 选择菜单命令【插入】|【自选图形】，选择自选图形中的矩形，并双击进入【设置图形格式】对话框，切换至【颜色与线条】选项卡，设置【颜色】为【金色】，【线条】为【黑色】，【大小】为【4】，结果如图 2－34 所示。

图 2-31　创意一

图 2-32　创意二

图 2-33　选择【黄色】

图 2-34　插入自选图形并设置其格式

③ 同上,插入"正极部分"的矩形,修改颜色和线条的粗细,和步骤②的操作相同,得到如图 2-35 所示图形。(或是选中图 2-34 的矩形,再单击【格式】工具栏上的 格式刷 工具,再次单击新插入的"正极部分"的矩形,也能得到相同的效果。格式刷的作用是用来复制对象的格式,包括字体、大小、颜色等,是非常好用的工具。)

④ 再选择自选图形中的矩形,绘制一个【线条】为【无】,【颜色】为【黑色】的矩形,见图 2-36。

图 2-35　插入"正极部分"的矩形

图 2-36　绘制一个黑色的矩形

⑤ 选择自选图形中的线条工具中的直线工具,在步骤③中所绘制的黑色矩形上绘制【线条】为【金色】,【大小】为【8】的斜线,如图 2-37 所示。

⑥ 再次选择自选图形中的线条工具中的直线工具,在步骤②和步骤③中所绘制的两个矩形的连接处和大矩形末尾的地方分别绘制一条【大小】为【8】的线条,一个【颜色】为【金色】,一个为【黑色】,如图 2-38 所示。其实原理很简单,就是用相同的颜色去覆盖掉别的颜色。

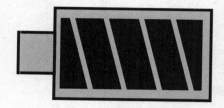

图 2-37　绘制金色的斜线　　　　图 2-38　在两矩形连接处和大矩形的末尾处绘制线条

⑦ 将所有的图形选中,右击,选中【组合】,单击【组合】即可,再将图形放置在页面上合适的位置。

⑧ 选择菜单命令【插入】|【图片】|【艺术字】,选择第四种艺术字样式,如图 2-39 所示。

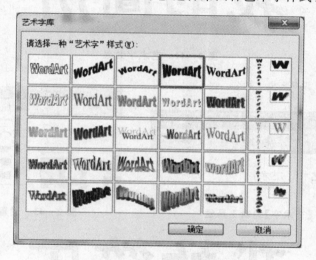

图 2-39　选择艺术字样式

【编辑"艺术字"文字】为【我的简历】,【字体】为【黑体】,【字号】为【44 号】,加粗,如图 2-40 所示。

单击【确定】按钮,在页面上出现如图 2-41 所示的文字效果。

单击文字,打开【艺术字】编辑工具栏,也可以通过【艺术字】对话框对艺术字进行更多的设置,如图 2-42 所示。

这里在【艺术字形状】中选择【纯文本】,如图 2-43 所示。

完成的艺术字最终文字效果如图 2-44 所示。

⑨ 在页面的相应位置放入如图 2-31 所示的文字,一个创意简单明快的自荐书封面就完成了。

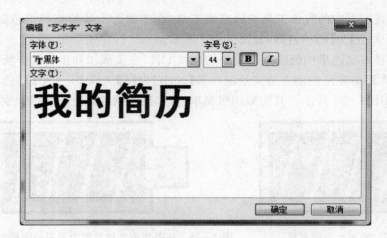

图 2-40　黑体效果

我的简历

图 2-41　艺术字效果

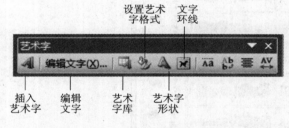

图 2-42　【艺术字】编辑工具栏

图 2-43　设置艺术字形状

我的简历

图 2-44　艺术字最终效果

（2）制作创意二

制作创意二的具体操作如下：

① 选择菜单命令【插入】|【图片】|【自选图形】，在自选图形工具栏中选择【基本图形】工具中的矩形和椭圆形工具，绘制如图 2-45 所示的图形。（注：按住键盘上的 Shift 键，可以绘制一个正多边形。）

② 选中图形中的两个椭圆,右击,选择【组合】选项,将两个图形组合在一起,按住键盘上的 Ctrl 键,复制出 4 个组合图形,并调整其大小,得到如图 2-46 所示的效果。

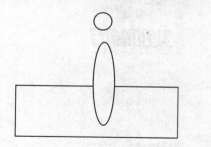

图 2-45　绘制矩形和椭圆形

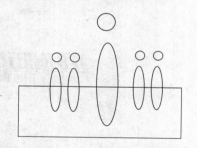

图 2-46　组合并复制图形

③ 双击图形,打开如图 4-47 所示的【设置对象格式】对话框,设置【颜色】为【黑色】,单击【确定】按钮得,到如图 2-48 所示的图形。

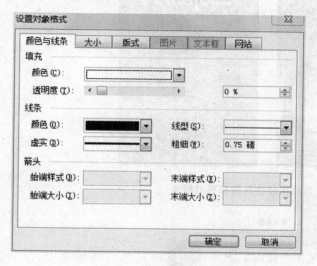

图 2-47

图 2-48　设置图形颜色为黑色

④ 调整图像的大小,放置在页面的合适位置,再按图 2-32 所示插入相应的艺术字,就能得到创意二最终的完美效果。

封面的设计样式多种多样,制作的方法和方式也可以多种多样,不只可以直接在 Word 中做,也可以在 PS 等一些绘图软件中制作,并且封面上面的文字,还可以通过插入艺术字的方法来制作。图 2-49 给出了几幅比较优秀的自荐书封面供大家参考。同学们也可以自己动手尝试制作。

2. 自己制作所给格式的简历

简历的样式也是多种多样,可以自己尝试制作如图 2-50 所给的样式。

图 2－49　几幅比较优秀的自荐书封面

图 2－50　无表格样式的个人简历

2.2 项目二 制作校刊

校刊是由学校出版、学生自主管理的阅读刊物,通常为每学年或每学期发行一期。依出版时间不同,又可分为季刊、月刊、周刊、日刊等,而依出版形式不同,又可称做校报。名称上不一定称做校刊二字,可为其他自行命名的名称,校刊为一种统称。

校刊的内容主要以报导学校事务为主,比如校长的话、老师的话、距上一期间发生的比赛、事记等。不过,不一定局限于与学校有关的事,也有社论、论文、征文写作、专题研究等,内容非常多元。

校刊由封面、目录、卷首语和正文组成。

2.2.1 项目情境

某中心小学要制作第二十期校刊。校刊名称为《星芽儿》,校刊 LOGO 如图 2－51。

2.2.2 项目分析

该项目主要完成校刊封面制作和刊首寄语的输入与文档美化。

图 2－51 校刊 LOGO

该项目主要用 Word 2003 来完成。通过本项目的学习,希望学生能学会在 Word 中对文字和图片进行合理的编排,也就是学会如何排版,学会如何对放入到 Word 中的文字和图片进行编辑,如何美化 Word 页面。

一般排版所需要了解的知识点有:对整个 Word 页面进行设置,插入页眉页脚、页码,插入图片,设置分栏、首字下沉、项目符号等。

关键词:页眉页脚,首字下沉,分栏。

2.2.3 项目实施

1. 校刊封面的制作

(1)页面设置

页面设置步骤如下:

选择菜单命令【文件】|【页面设置】,选择纸张为 A4;设置左、右、上、下边距为 3CM;方向为纵向。

(2)插入背景图片

选择菜单命令【插入】|【图片】|【来自文件】,插入所给页面背景图,并将其放大直到覆盖整个页面。双击图片,打开【设置图片格式】对话框,选择【版式】|【衬于文字下方】,如图 2－52所示。

(3)插入校刊 LOGO

选择菜单命令【插入】|【图片】|【来自文件】,插入所给校刊 LOGO,并将其放置在合适的位置。

注意:此图标可以自己在 Word 中制作,制作步骤如下:

① 选中【图片】|【自选图形】,在【自选图形】工具栏选中【基本图形】按钮,在其中选中【椭圆工具】,按住 Shift 键,绘制一个正圆,双击,设置其【颜色】为【红色】,线条【颜色】为【无】,得到如图 2-53 所示的图形。

图 2-52 【设置图片格式】对话框　　　　图 2-53 绘制正圆并设置颜色

② 选中【自选图形】工具栏中的【星与旗帜】按钮,绘制一个正五角星,双击,设置【线条】颜色为【无】,如图 2-54 所示。

③ 选中星星,按住 Ctrl 键,复制出 5 颗,并调整其大小、位置,修改相应星星的颜色,结果如图 2-53 所示。

图 2-54 绘制正五角星并设置线条颜色　　　图 2-55 复制星星并调整其大小、
位置,修改相应星星的颜色

④ 选择菜单命令【插图】|【图片】|【剪贴画】,在打开的如图 2-56 所示的【剪贴画】对话框的【搜索文字】文本框中输入"手",单击【搜索】按钮,得到如图 2-57 所示的对象。

图 2 - 56　搜索剪贴画　　　　　　　　　　　　**图 2 - 57　得到所需的剪贴画**

⑤ 选中图并右击,选中【显示图片工具栏】菜单命令,打开如图 2 - 58 所示的【图片】编辑工具栏,选中其中的剪裁工具,将图片剪裁成如图 2 - 59 所示的样子。

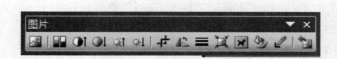

图 2 - 58　【图片】编辑工具栏　　　　　　　**图 2 - 59　剪裁后的图片**

⑥ 将该剪裁后的图片放入步骤③做好的图形中,调整其大小并放到合适的位置,将其全部选中并组合在一起,一个新的完美的图标就完成了,见图 2 - 60。

或是通过菜单命令【插入】|【图片】|【来自文件】,导入配套给出的麦苗.gif 图片到相应的位置,也能生成一个完美的图标,如图 2 - 61 所示。

图2-60 插入剪贴画的图标

图2-61 插入来自图片的图标

(4)插入艺术字

① 在如图2-62所示的【艺术字库】对话框中选择艺术字类型,单击【确定】按钮,在如图2-63所示的【编辑"艺术字"文字】对话框的文本框中输入"星芽儿",并如图进行设置。

图2-62 【艺术字库】对话框

② 单击页面上的文字"星芽儿",打开如图2-64所示的【艺术字】编辑工具栏,单击【设置艺术字格式】按钮,在如图2-65所示的对话框中设置文字的填充颜色为【白色】,调整大小,并将文字放在页面合适的位置。

③ 输入文字"放飞梦想,我们一起努力……",设置文字属性为【黑体】【白色】【三号】【加粗】。

④ 设置其他文字的属性为【黑体】【红色】【三号】【居中对齐】。到此,校刊的封面制作完成,如图2-66所示。

图 2-63　【编辑"艺术字"文字】对话框

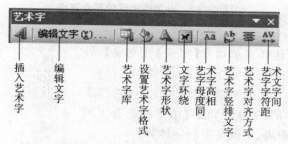

图 2-64　【艺术字】编辑工具栏

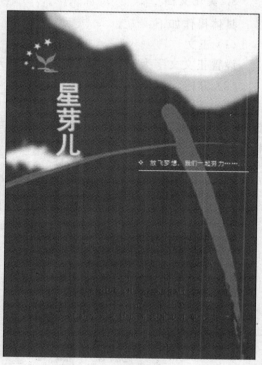

图 2-65　【设置艺术字格式】对话框　　　　　图 2-66　校刊封面定稿

2．输入刊首寄语

刊首寄语原文：

青春是美妙的。我们像是春天的花草，我们像是早晨的雨露，我们像是飘在天空的云彩，我们更像是被风吹动的美妙铃声，和谐动听激情。这些都不足以代替我们的青春。用你的笔触来描绘我们的青春吧！

设置格式后的刊首寄语如图 2－67 所示。

青春
是美妙的。我们像是春天的花草，我们像是早晨的雨露，我们像是飘在天空的云彩，我们更像是被风吹动的美妙铃声，和谐动听激情。这些都不足以代替我们的青春。用你的笔触来描绘我们的青春吧！

图 2－67　设置格式后的刊首寄语

具体操作如下：

① 选中整段文字，选择菜单命令【格式】|【文字】，设置文字为宋体、大小为四号。

② 选中文字"青春"，选择菜单命令【格式】|【首字下沉】，在如图 2－68 所示的【首字下沉】对话框中设置下沉字符的个数、距正文的距离、下沉文字的字体等。

3．美化文档

具体操作如下：

（1）正文

设置正文文字为五号宋体，格式为左对齐。

（2）分栏

选中需要分栏的文字，选择菜单命令【格式】|【分栏】，打开如图 2－69 所示的【分栏】对话框，可以根据需要将文字分成所需的栏数，并加上分割线。

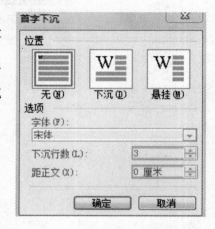

图 2－68　【首字下沉】对话框

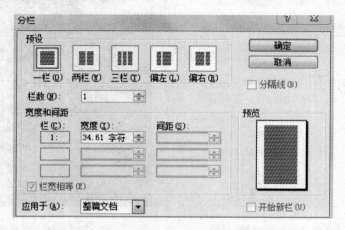

图 2－69　【分栏】对话框

（3）图片

选中图片，双击打开如图 2-70 所示的【设置图片格式】对话框，切换至【版式】选项卡，设置图片的【环绕方式】为【四周型】。

值得注意的是，版式是指对文字和图片的排版方式，一般以图片为主，也就是只能给图片设定其版式。

图 2-70　【设置图片格式】对话框

小提示：在相应的位置根据内容需要插入喜欢的艺术字，查看提供的"校刊正文"文件。

4. 文档版面设置

这里主要介绍设置页眉、页脚、页码的方法。

具体操作如下：

选择菜单命令【视图】|【页眉和页脚】，打开如图 2-71 所示的【页眉和页脚】工具栏，并在页面顶端会出现输入页眉，在页面底端输入页脚的编辑框，在此编辑框中输入相应的内容即可。页眉/页脚中的内容，可以是文字，也可以是图片，还可以是页码、时间、日期、页数等。

图 2-71　【页眉和页脚】工具栏

小提示：一般校刊都是有封面和目录的，但是在封面或是目录上，是不需要有页码、页眉和页脚的，那么这个时候可进行如下操作：

方法一：将封面/目录和正文分别生成单独的 Word 文档，只有正文添加相应的页眉和页脚或页码。封面和目录所在的 Word 文档不添加。

方法二:选择菜单命令【文件】|【页面设置】,打开如图 2-72 所示的【页面设置】对话框,切换至【版式】选项卡,在其中的【页眉和页脚】选项组中勾选【首页不同】复选框即可。需要注意的是,也可以分别对奇数页和偶数页设置不同的页眉和页脚。

图 2-72 【页面设置】对话框

2.3 项目三 制作会议邀请函

邀请函的使用率非常高。一份漂亮有新意的邀请函能够给参会嘉宾留下良好的第一印象。下面就用 Word 打造一个有特色的商务邀请函。

2.3.1 项目情境

宁波职业技术学院要举办"职业教育双师型教师"交流培训,邀请各个兄弟学校的教师到校参观交流。

时间:2012 年 6 月 4—8 日

地点:宁波市北仑港区宁波职业技术学院

2.3.2 项目分析

会议邀请函是指邀请特定单位或人士参加某会议,具有礼仪和告知双重作用的会议文书。在宁波职业技术学院要举办交流培训之际需要用会议邀请函的形式邀请兄弟学校的教师。在学会制作邀请函之前,先来了解一下会议邀请函的涵义、内容、格式和写法。

1. 会议邀请函的含义

邀请函主要用于横向性的会议活动,发送对象是不受本机构职权所制约的单位和个人,也不属于本组织的成员，一般不具有法定的与会权利或义务，是否参加会议由受邀对象自行决定。举行学术研讨会、咨询论证会、技术鉴定会、贸易洽谈会、产品发布会等，以发邀请函为宜。

2. 会议邀请函的基本内容

会议邀请函的基本内容包括会议的背景、目的和名称，主办单位和组织机构，会议内容和形式，参加对象，会议的时间和地点，联络方式以及其他需要说明的事项。内容根据实际情况填写。

3. 会议邀请函的结构与写法

（1）标题

会议邀请函的标题由会议名称和"邀请函"组成，一般可不写主办机构名称和"关于举办"的字样，如"中国素材网论坛邀请函"。"邀请函"三字是完整的文种名称，与公文中的"函"是两种不同的文种，因此不宜拆开写成"关于邀请出席××会议的函"

（2）称呼

邀请函的邀请对象一般有三种：

① 发送到单位的邀请函，应当写明××单位名称。由于邀请函是一种礼仪性文书，称呼中要用单称的写法，不宜统称，以示礼貌和尊重。

② 直接发给个人的邀请函，应当写个人姓名，前面加上"尊敬的"敬语词，后缀"先生""女士""同志"等。

③ 网上或报刊上公开发布的邀请函，由于对象不确定，可省略称呼，或以"敬启者"统称。

（3）正文

邀请函的正文应逐项载明具体内容。开头部分写明举办会议的背景和目的，用"特邀请您出席（列席）"照应称呼，再用过渡句转入下文；主体部分可采用序号加小标题的形式写明具体事项；最后写明联系联络信息和联络方式。结尾处也可写"此致"，再换行顶格写"敬礼"，亦可省略。

（4）落款

因邀请函的标题一般不标注主办单位名称，因此落款处应当署主办单位名称并盖章。

（5）邀请时间

写明具体的年、月、日，如 2010 年 4 月 20 日。

关键词：模板，邮件合并。

2.3.3　项目实施

1. 制作邀请函模板

① 打开 Word，并输入如图 2-73 所示的邀请函模板中的内容，注意其中的格式。

② 选择菜单命令【文件】|【另存为】，打开如图 2-74 所示的【另存为】对话框，在【保存类型】下拉列表中选择【文档模板】，再选择保存位置，邀请函模板就制作完成了。完成后的邀请函模板的格式为 .dot。

2. 批量生成邀请函

① 打开 Word，选择菜单命令【表格】|【插入表格】，生成一个 3 列多行的表格（行数可根据要制作邀请的张数来控制），并在其中录入如图 2-75 所示的数据，并选择菜单命令【文件】|

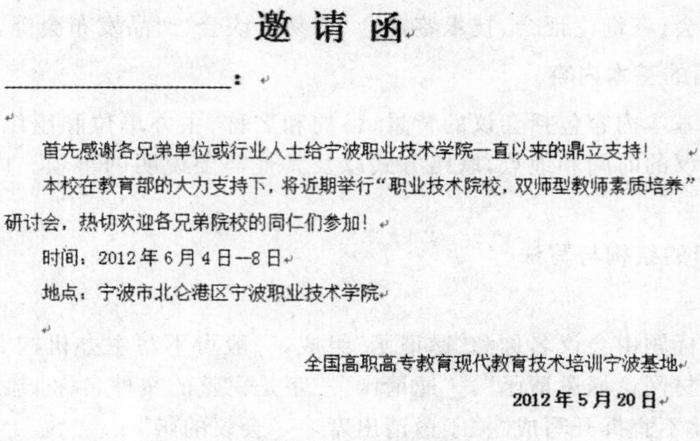

邀 请 函

_____：

    首先感谢各兄弟单位或行业人士给宁波职业技术学院一直以来的鼎立支持!

    本校在教育部的大力支持下,将近期举行"职业技术院校,双师型教师素质培养"

研讨会,热切欢迎各兄弟院校的同仁们参加!

    时间：2012 年 6 月 4 日－8 日

    地点：宁波市北仑港区宁波职业技术学院

全国高职高专教育现代教育技术培训宁波基地

2012 年 5 月 20 日

图 2－73　邀请函模板

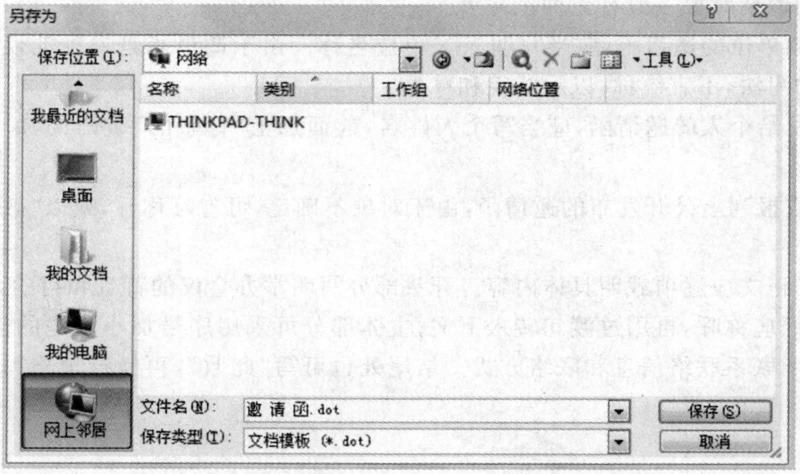

图 2－74　【另存为】对话框

【保存】,在弹出的对话框中选择保存的位置,在文件名称处修改文件的名称为"通讯录",生成"通讯录.doc"文件。

联系单位	联系人	联系人电话
四川航天职业技术学院	张小明	15789673451
四川航空职业技术学院	李丽	13245678910
四川理工职业技术学院	王莎	13476898786

图 2－75　通讯录

    ② 打开开始生成的邀请函模板,即文件"邀请函.dot",选择菜单命令【视图】|【工具栏】|【邮件合并】,打开【邮件合并】工具栏,如图 2－76 所示。

    ③ 单击【邮件合并】工具栏上的【打开数据源】按钮,在对话框中选择"通讯录.doc"文件,把光标放置在邀请人员名单处,单击此工具栏上的【插入域】按钮,将打开如图 2－77 所示的【插入合并域】对话框。在此对话框中选择【数据库域】单选按钮,并在【域】下拉列表框中选择

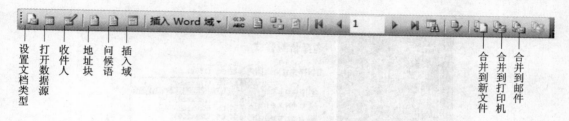

设置文档类型　打开数据源　收件人　地址块　问候语　插入域　合并到新文件　合并到打印机　合并到邮件

图 2-76　【邮件合并】工具栏

【联系单位】，单击【插入】按钮，再单击【关闭】按钮，最后单击【邮件合并】工具栏上的【合并到新文件】按钮，打开如图 2-78 所示的【合并到新文件】对话框。在此对话框中，选择【全部】单选按钮，再单击【确定】按钮，选中新生成的文件，选择菜单命令【文件】|【保存】生成一个"邀请函. doc"文件。这就是批量生成邀请函文件。如需打印，选择【邮件合并】工具栏上的【合并到打印机】即可。

图 2-77　【插入合并域】对话框

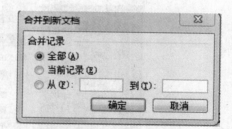

图 2-78　【合并到新文档】对话框

3. 批量制作邀请函信封

使用 Word 2003 信封制作向导，可以导入通讯录中的联系人地址，快速制作出数以千计的、已填写了各项信息的信封。

具体操作如下：

① 单击【邮件】标签，在【邮件】选项卡的【创建】区域中单击【中文信封】按钮，打开【信封制作向导】对话框。

② 单击【下一步】按钮，跳过欢迎动画。

③ 选择一种信封样式，如图 2-79 所示。然后单击【下一步】按钮。

④ 选择【基于地址薄文件，生成批量信封】选项，如图 2-79 所示。然后单击【下一步】按钮。

⑤ 在如图 2-80 所示的【信封制作向导】中单击【选择地址薄】按钮，选择纯文本或 Excel 格式的地址薄，然后单击【开始】按钮，即可导入地址薄文件。

⑥ 在【匹配收件人信息】列表中，为收信人的姓名、称谓等项目选择相对应的字段，然后单

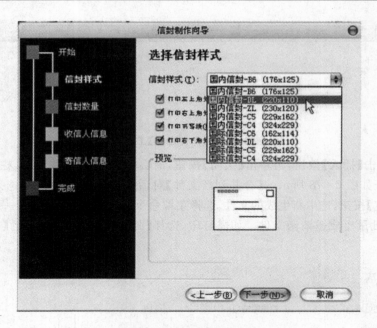

图 2-79   选择信封样式

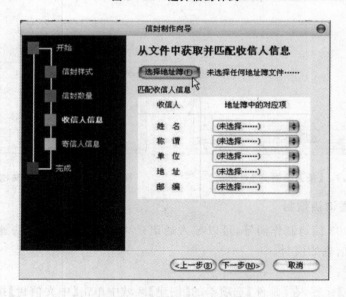

图 2-80   导入地址薄文件

击【下一步】按钮。

⑦ 输入寄信人的姓名、单位、地址、邮编等信息,然后单击【下一步】按钮。

⑧ 单击【完成】按钮,即可批量生成信封,并放置在独立的文件内。

2.3.4   知识加油站

如果在制作信封或是批量生成信封时发现没有【邮件合并】这个菜单命令,请做如下操作,调出【邮件合并】工具栏即可。

选择菜单命令【工具】|【自定义】,打开如图 2-81 所示的【自定义】对话框。在【工具栏】列表框中勾选【邮件合并】复选框即可。

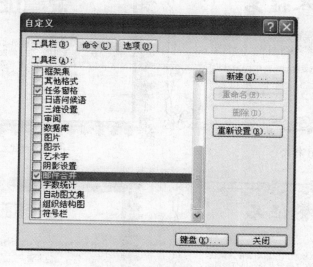

图 2-81 【自定义】对话框

2.3.5 触类旁通

利用 Word 2003 的【邮件合并】功能批量打印如图 2-82 所示的荣誉证书。

纸张样式及打印说明:

① 使用 A4 纸张,如果非标准的 A4 纸张,如 16 开等,先设置纸张,再调整图片大小。

② 激光黑白打印机更适合样式一、二的打印。

③ 彩色打印机更适合样式三、四的打印。

④ 样式一、三适合于活泼活动,如文艺晚会、体育比赛;样式二、四适合于严肃的活动选用。

【邮件合并】的操作步骤如下:

① 对荣誉证书文档页面先执行【工具】|【信函与邮件】|【邮件合并】|【显示信函与邮件工具栏】命令,再执行【工具】|【信函与邮件】|【邮件合并】命令,打开【邮件合并】对话框(在窗口右侧)。

② 选中【信函】,单击【下一步】按钮。

③ 选中【使用当前文档】,单击【下一步】|【选取收件人】按钮。

④ 选中【使用现有列表】,单击【浏览】按钮,找到 XLS 数据表后单击【打开】|【选择表格】按钮,选择第 N 列,是否勾选【数据首行包含标题】,单击【确定】按钮。单击【下一步】|[撰写信函]按钮。

⑤ 将光标定位于要输入合并数据的位置,单击【其他项目】按钮,选定【插入合并域】中的项目(如姓名)后单击【插入】|【关闭】按钮。

⑥ 重复步骤⑤,完成所有合并域的插入(如类别、等级)后,单击【下一步】|【预览信函】按钮。

⑦ 单击【预览信函】中的【浏览】按钮即可浏览合并效果,再单击【下一步:完成合并】按钮

(a) 样式一　　　　　　　　　　　(b) 样式二

(c) 样式三　　　　　　　　　　　(d) 样式四

图 2 - 82　批量打印荣誉证书

就可以进行打印。

⑧ 打印可以为全部打印，也可以为指定打印，可根据实际情况在工具栏中选择【合并到新文档】或【合并到打印机】进行设置、预览和打印。

习题与思考题

一、选择题

1. Word 2003 属于(　　)。

    A. 系统软件　　　　　B. 文字处理软件　　　　C. 编辑软件　　　　D. 行编辑软件

2. Word 把格式化分为(　　)三种。

    A. 字符、段落和句子　　　　　　　　　　B. 字符、页面和句子

    C. 段落、句子和页面　　　　　　　　　　D. 字符、段落和页面

3. Word 2003 中在"选项"对话框(　　)选项下可以对文档进行密码的设置。

    A. 视图　　　　　　　B. 安全性　　　　　　　C. 编辑　　　　　　D. 常规

4. 在 Word 中段落分栏的操作是在(　　)菜单中。

    A. 插入　　　　　　　B. 视图　　　　　　　　C. 工具　　　　　　D. 格式

5. 在 Word 2003 中插入图片的环绕方式默认为(　　)。

A. 嵌入型　　　　　　B. 四周型　　　　　　C. 紧密型　　　　　　D. 穿越型

6. 在 Word 2003 中,对于"字号"框内选择所需字号的大小或磅值说法正确的是(　　　)。

A. 字号越大字越大,磅值越大字越大　　　B. 字号越小字越大,磅值越小字越大

C. 字号越大字越小,磅值越大字越大　　　D. 字号越大字越小,磅值越大字越小

7. 在 Word 2003 中,将插入点移动到图片中任一位置,左击,图片四周会出现的控制点有(　　　)。

A. 12 个　　　　　　B. 10 个　　　　　　C. 8 个　　　　　　D. 4 个

8. 下列属于系统软件的有(　　　)。

A. Word　　　　　　B. Windows　　　　　C. PPT　　　　　　D. Excel

9. 利用下列(　　　)方法可以实现在 Word 文档中建立一张表格。

A. 工具栏上的"插入表格"按钮　　　　　B. "插入"菜单下的"图文框"项

C. "插入"菜单下的"文本框"项　　　　　D. "插入"菜单下的"对象"项

10. 在"格式"菜单下的"分栏"中,下列说法正确的是(　　　)。

A. 栏与栏之间可以根据需要设置分隔线

B. 栏的宽度用户可以任意定义,但每栏栏宽度必须相等

C. 分栏数目最多为 3 栏

D. 只能对整篇文章进行分栏,而不能对文章中的某部分进行分栏

11. 选中一段文字后,工具栏上的"字号"工具按钮显示为"四号"字,说明(　　　)

A. 选中的文字其字号设置为"四号"字　　　B. Word 默认的字号为"四号"字

C. 要将选中的文字设置为"四号"字　　　　D. Word 默认的字号为"五号"字

12. 在 Word 2000 编辑状态下,格式刷可以复制(　　　)

A. 段落的格式和内容　　　　　　　　　B. 段落和文字的格式和内容

C. 文字的格式和内容　　　　　　　　　D. 段落和文字的格式

13. 退出 Word 2003 的正确操作方法是(　　　)。

A. 单击【文件】菜单中的【关闭】命令　　　B. 单击【文件】菜单中的【退出】命令

C. 单击【文件】菜单中的【保存】命令　　　D. 单击【文件】菜单中的【发送】命令

14. 在 Word 2003 中,有一个由若干行和列组成的表格,如果选中其中一个单元格,再按 Del 键,则(　　　)。

A. 删除该单元格所在的行

B. 删除该单元格的内容

C. 删除该单元格,右方单元格左移

D. 删除该单元格,下方单元格上移

15. 在 Word 2003 主窗口的右上角,可以同时显示的按钮是(　　　)。

A. 最小化、还原、最大化　　　　　　　B. 最小化、最大化和关闭

C. 最小化、最大化、还原　　　　　　　D. 还原和最大化

16. 下面哪个选项是图片"填充效果"的"底纹样式"没有的(　　　)。

A. 伞状　　　　　　B. 斜上　　　　　　C. 中心辐射　　　　　D. 水平

二、填空题

1. Word 2003 是微软办公套装软件_____中的一个组件。

2. Word 2003 的文档的默认扩展名为＿＿＿＿＿＿＿＿＿＿＿＿。

3. 在 Word 2003 中要设定打印纸张大小,应使用【文件】菜单中的＿＿＿＿＿＿＿＿命令。

4. 在 Word 2003 中段落的缩进方式有＿＿＿＿＿＿＿＿、＿＿＿＿＿＿＿＿、悬挂缩进和＿＿＿＿＿＿＿＿。

5. Office 办公软件中的保存快捷键是 ＿＿＿＿＿＿＿＿＋＿＿＿＿＿＿＿。

6. 在 Word 2003 中最常见的一种视图方式是＿＿＿＿＿＿＿＿。

7. 在 Word 2003 中,将全文多处"文字"替换成"Word"应选择"编辑"菜单中的＿＿＿＿＿＿＿＿命令。

8. 在 Word 2003 文本输入过程中,每按一次＿＿＿＿＿＿＿＿键,相当于另起一段。

9. 在 Word 2003 中要插入艺术字,应该单击【插入】菜单中的＿＿＿＿＿＿＿＿子菜单下的＿＿＿＿＿＿＿＿命令。

10. 设置图片格式中的版式包括:紧密型、浮于文字上方、衬于文字下方,＿＿＿＿＿＿＿＿和＿＿＿＿＿＿＿＿。

11. 在 Word 2003 中,段落对齐的默认方式是＿＿＿＿＿＿＿＿。

12. 页面方向的设置是通过菜单【文件】中的＿＿＿＿＿＿＿＿命令来完成的。

13. 在 Word 2003 中的表格添加新行的快捷方式是在行末单击＿＿＿＿＿＿＿＿键。

三、判断题

1. 在 Word 2003 中,对已输入的文字利用字体对话框更改其格式时,必须事先选定这些文字。(   )。

2. 不能将 Word 文档保存为纯文本格式。(   )

3. Word 2003 中的图片可以任意组合。(   )

4. 在 Word 2003 中,"格式刷"可以复制文字格式。(   )

5. 在 Word 2003 环境下,文档中的字间距是固定的。(   )

6. Word 2003 的打印预览中不能够调整页边距。(   )

7. 在 Word 2003 环境下,改变上下页边界,将会对页眉和页脚的位置有影响。(   )

8. 在 Word 2003 环境下,如果想在表格的第二行与第三行之间插入一个空行,可以将光标移动到第二行最后一列表格外,按回车后即可。(   )

四、简答题

1. 叙述创建新文档常用的几种方法。

2. 叙述设置段落间距的操作步骤。

3. 叙述在 Word 文档中插入图片的多种方法。

4. 叙述在 Word 表格中间插入一个空行的方法。

5. 叙述组合图形对象的操作方法?

第 3 章　Excel 的应用

本章职业能力目标：

本章主要介绍 Office 办公组件中的 Excel 部分。通过本章的学习，学生可熟练掌握 Excel 2003 的使用方法和应用技巧。

1. 了解工作簿、工作表、单元格的概念。
2. 熟练掌握工作表的操作方法、数据的分类和输入方法及美化工作表。
3. 熟练掌握公式和函数的使用方法。
4. 通过工作表的制作，为工作表进行数据的分析。
5. 运用基础知识点进行综合案例的制作。

3.1　项目一　某班学生成绩表

该项目通过制作如图 3－1 所示的"学生成绩表"来管理学生的成绩信息。

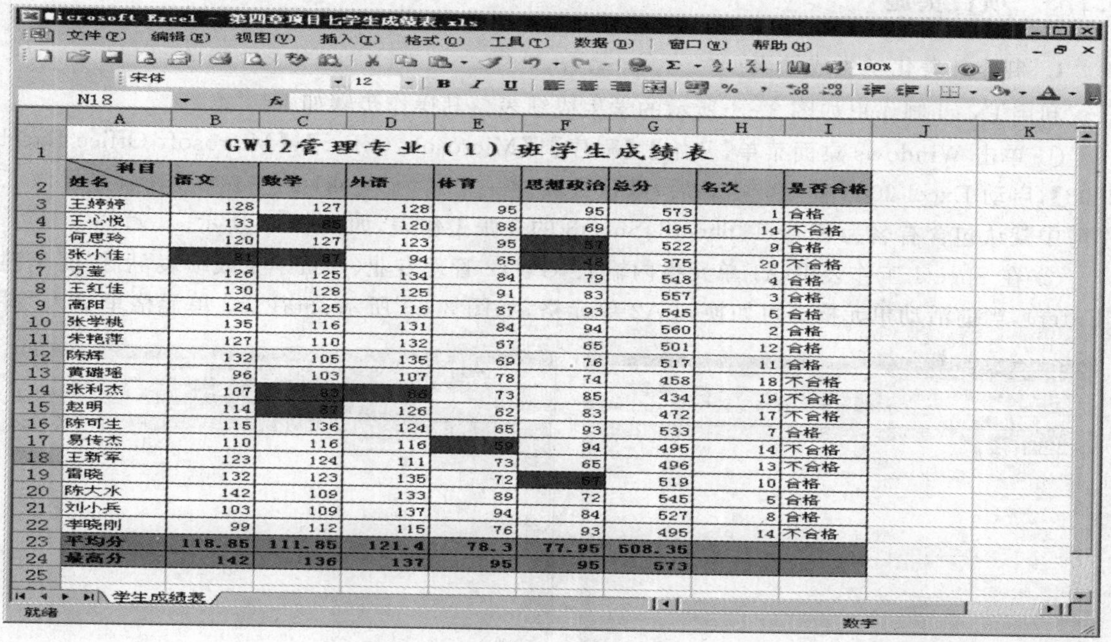

GW12管理专业（1）班学生成绩表

科目/姓名	语文	数学	外语	体育	思想政治	总分	名次	是否合格
王婷婷	128	127	128	95	95	573	1	合格
王心悦	133	85	120	88	69	495	14	不合格
何思玲	120	127	123	95	57	522	9	合格
张小佳	81	87	94	65	48	375	20	不合格
万蓥	126	125	134	84	79	548	4	合格
王红佳	130	128	125	91	83	557	3	合格
高阳	124	125	116	87	93	545	5	合格
张学桃	135	116	131	84	94	560	2	合格
朱艳萍	127	110	132	67	65	501	12	合格
陈辉	132	105	135	69	76	517	11	合格
黄璐瑶	96	103	107	78	74	458	18	不合格
张利杰	107	83	86	73	85	434	19	不合格
赵明	114	87	126	62	83	472	17	不合格
陈可生	115	136	124	65	93	533	7	合格
易传杰	110	116	116	59	94	495	14	不合格
王新军	123	124	111	73	65	496	13	不合格
雷晓	132	123	135	72	57	519	10	合格
陈大水	142	109	133	89	72	545	5	合格
刘小兵	103	109	137	94	84	527	8	合格
李晓刚	99	112	115	76	93	495	14	不合格
平均分	118.85	111.85	121.4	78.3	77.95	508.35		
最高分	142	136	137	95	95	573		

图 3－1　学生成绩表效果图

3.1.1　项目情境

某职业技术学院管理专业的学生经过一个学期的努力学习，得到了属于自己的一份成绩单。作为管理学生成绩信息的管理人员，需要对全班同学的成绩进行相应的输入、编辑、计算、分析。例如,计算出每位同学的总分、平均分,并进行全班的一个排名;将不及格的学生成绩以红色斜体显示……。

3.1.2 项目分析

该项目中将运用以下知识点:

① Excel 2003 的启动与退出。

② Excel 2003 的窗口组成。

③ 工作簿、工作表、单元格的概念。

④ 工作簿与工作表的管理(工作簿的新建、打开、保存,工作表的插入、复制、删除等)。

⑤ 不同类型数据的输入,智能填充数据。

⑥ 编辑工作表(单元格、行、列的选择、插入、删除、复制、清除),【单元格格式】菜单的使用方法等。

⑦ 条件格式的设置。

⑧ 使用公式,包括运算符、公式基本结构、公式输入和修改、相对引用与绝对引用。

⑨ 常用函数的用法。

关键词:工作簿,工作表,单元格,公式与函数。

3.1.3 项目实施

1. 制作并美化学生成绩表

利用 Excel 制作出如图 3-1 所示的学生成绩表。其操作步骤如下:

① 单击 Windows 桌面菜单【开始】|【程序】|【Microsoft Office】|【Microsoft Office Excel 2003】,启动 Excel 2003 程序。启动后,默认会新建一个名为 Book1 的空白工作簿,并且该工作簿中默认包含有名为 Sheet1、Sheet2、Sheet3 的 3 张工作表,如图 3-2 所示。

② 在 Sheet1 工作表中 A1 单元格内输入"GW12 管理专业(1)班学生成绩表"后按回车键(Enter),当前活动单元格即可切换到 A2 单元格,如图 3-3 所示;再往 A2 单元格里输入"科

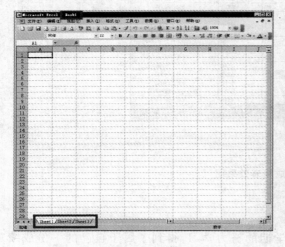

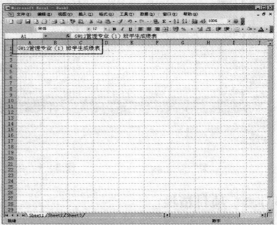

图 3-2　新建名为 Book1 的空白工作簿　　　图 3-3　在 A1 单元格中输入标题文本

目姓名",接着把光标定位在"目"和"姓"之间,按 Alt＋回车键,如图 3-4 图所示,这个组合键的作用是在一行中强行换行,接着再把光标移动到字符"科"的左边,按四下空格键让它向右边移动两个字符后按回车键即可,如图 3-5 所示。

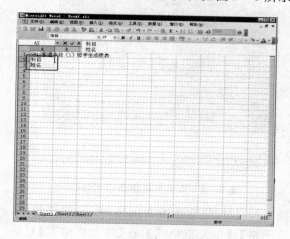

图 3-4　在 A2 单元格中输入两行文本

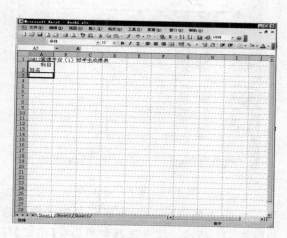

图 3-5　A2 单元格中表头文字效果

③ 再次选择 A2 单元格,并通过选择菜单命令【格式】|【单元格】,打开【单元格格式】对话框,选择【边框】选项卡,在【边框预置】右下角单击【\】按钮,如图 3-6 所示,确定后即可为单元格内加入斜线,如图 3-7 所示。

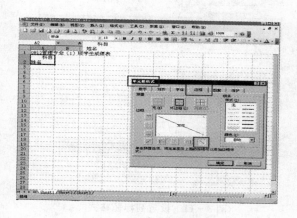

图 3-6　为表头绘制斜线

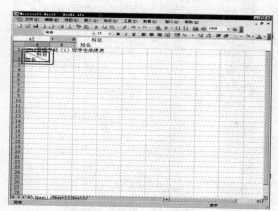

图 3-7　表头最终效果

④ 依次输入 B、C、D、E、F、G、H、I 列和 3~24 行的相应信息,如图 3-8 所示。

⑤ 选择 A2:I24 区域,选择菜单命令【格式】|【单元格】|【单元格格式】,在【单元格格式】对话框中选择【边框】选项卡,在【边框预置】中选择【外边框】和【内部】后单击【确定】按钮。如图 3-9 所示。

⑥ 再选择 A1:I1 区域,单击【格式】工具栏的【合并及居中】按钮，使标题居中,设置字体为【楷体_GB2312】,字号为 16 号,加粗,如图 3-10 所示。

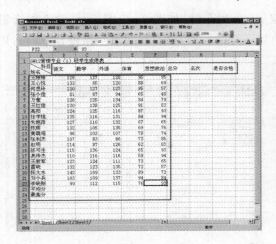

图 3-8　输入学生成绩

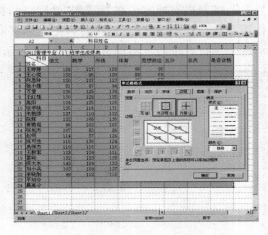

图 3-9　为学生成绩表设置边框

⑦ 再选择 A2:I2,在按下 Ctrl 键的同时选择 A23:I24,将字体改为宋体,10 号字并加粗,如图 3-11 所示。接着选择菜单命令【格式】|【单元格】|【单元格格式】,在【单元格格式】对话框中选择【图案】选项卡,选择一种颜色,如图 3-12 所示。

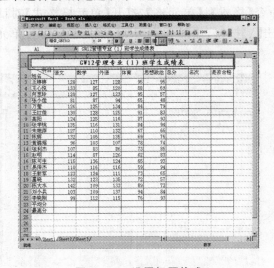

图 3-10　设置标题格式

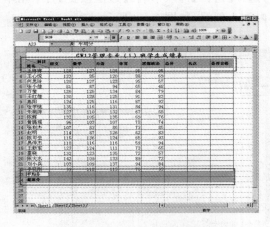

图 3-11　设置列标题格式

2. 利用公式或函数进行计算分析

利用 Excel 提供的函数或公式进行成绩表的计算和分析。其操作步骤如下:

① 求第一位同学王婷婷的总分:将光标定位于 G3 单元格内,选择【公式编辑栏】中的插入函数按钮 *fx*,在【插入函数】对话框中选择 SUM 函数,如图 3-13 所示。确定后在【函数参数】对话框中的 Number1 中确认单元格地址是 B3:F3,单击【确定】按钮,如图 3-14 所示。这时在 G3 单元格内显示为 573 分,在【公式编辑栏】中显示的函数表达式为"=SUM(B3:F3)",如图 3-15 所示。

图 3 - 12　添加底纹并设置底纹颜色

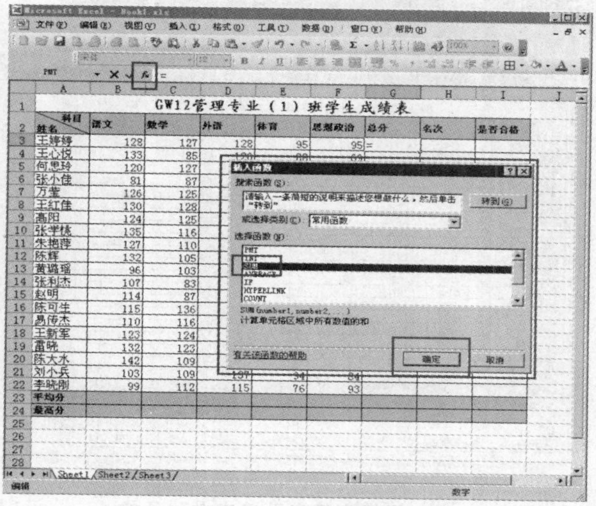

图 3 - 13　插入 SUM( ) 函数求总分

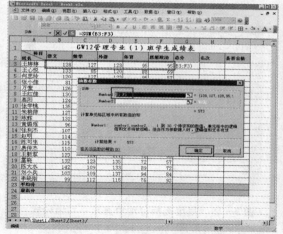

图 3 - 14　输入 SUM( ) 函数参数

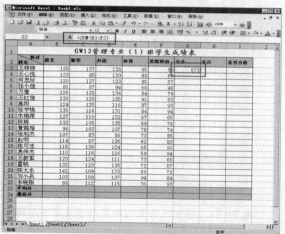

图 3 - 15　公式编辑栏与单元格内显示对比

② 求全班同学的总分:把光标移动到 G3 单元格的右下角,也就是当鼠标的状态由空心加号变成实心加号时,双击,从 G3 到 G22 单元格内会自动填充公式并显示出结果,如图 3 - 16 所示。

③ 求全班同学每门课程的平均分:将光标定位于 B23 单元格内,直接输入"= average(B3:B22)"后按回车键即可得到结果 118.85 分,如图 3 - 17、图 3 - 18 所示。把光标移动到 B23 单元格的右下角,也就是当鼠标的状态由空心加号变成实心加号时,拖曳鼠标从 B23 到 G23 单元格,其单元格内会自动填充公式并显示出结果,如图 3 - 19 所示。

④ 求全班同学每门课程的最高分:将光标定位于 B24 单元格内,直接输入"= max(B3:B22)"后按回车键即可得到结果 142 分,如图 3 - 20、图 3 - 21 所示。把光标移动到 B24 单元格的右下角,也就是当鼠标的状态由空心加号变成实心加号时,拖曳鼠标从 B24 到 G24 单元格,其单元格内会自动填充公式并显示出结果,如图 3 - 22 所示。

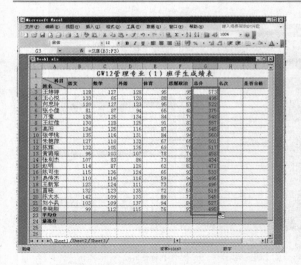

图 3 - 16　用填充柄自动填充求和公式

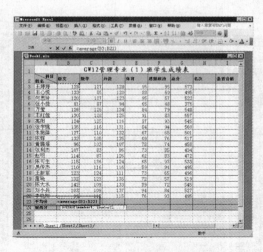

图 3 - 17　插入 average( )函数求语文成绩平均分

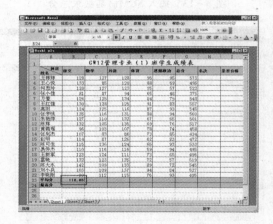

图 3 - 18　在 B23 单元格中显示语文成绩平均分

图 3 - 19　用填充柄自动填充求平均值公式

图 3 - 20　插入 max( )函数求语文成绩最高分

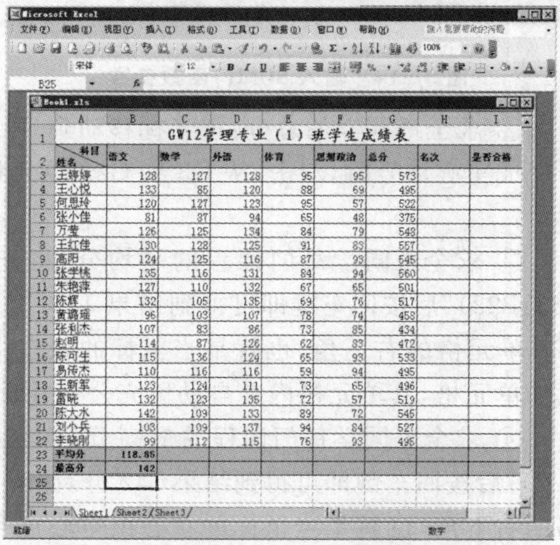

图 3 - 21　在 B24 单元格中显示语文成绩最高分

⑤ 计算每位同学在本班的排名（以总分为标准）：将光标定位于 H3 单元格内，直接输入"＝RANK(G3,＄G＄3:＄G＄22)"后按回车键即可得到结果为 1，说明是第 1 名，如图 3-23、图 3-24 所示。把光标移动到 H3 单元格的右下角，也就是当鼠标的状态由空心加号变成实心加号时，拖曳鼠标从 H3 到 H22，单元格内会自动填充公式并显示出结果，如图 3-25 所示。

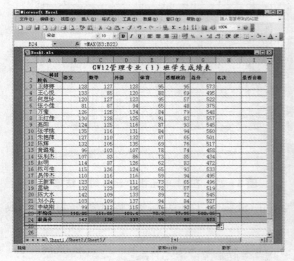

图 3-22　用填充柄自动填充求最大值公式　　　图 3-23　插入 RANK( )函数排名次

图 3-24　在 H3 单元格中显示名次　　　图 3-25　用填充柄自动填充名次

⑥ 判断每位同学的总分是否达标，以总分达到 500 分为标准判断为"合格"或"不合格"：将光标定位于 I3 单元格内，直接输入"＝IF(G3＞＝500,"合格","不合格")"后按回车键即可得到结果为"合格"，如图 3-26、图 3-27 所示。把光标移动到 I3 单元格的右下角，也就是当鼠标的状态由空心加号变成实心加号时，拖曳鼠标从 I3 到 I22，单元格内会自动填充公式并显示出结果，如图 3-28 所示。

图 3-26 插入 IF( )函数求总分是否合格

图 3-27 在 I3 单元格中显示判断结果

⑦ 将工作表 Sheet1 更名为"学生成绩表":双击 Sheet1 工作表标签,将其更名为"学生成绩表",如图 3-29 所示。

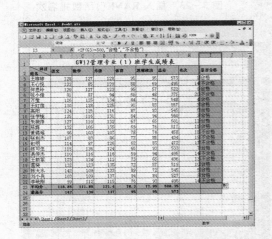

图 3-28 用填充柄自动填充所有判断结果

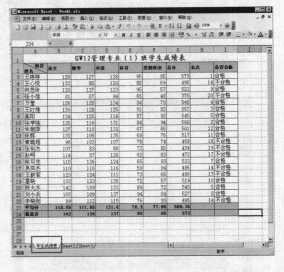

图 3-29 更改表名为"学生成绩表"

⑧ 利用【条件格式】命令显示出每科不合格的同学的分数(单元格的填充色为大红色),语、数、外各科的总分为 150 分,条件为大于或等于 90 分才为合格;体育、思想政治各科的总分为 100 分,条件为大于 60 分才为合格:选择 B3:D22 单元格,选择菜单命令【格式】|【条件格式】,在【条件格式】对话框的条件 1 中设置条件为"小于 90",单击【格式】按钮,弹出【单元格格式】对话框,选择【图案】选项卡,选择【大红色】后确定,如图 3-30、图 3-31 所示;再选择 E3:F22 单元格,选择菜单命令【格式】|【条件格式】,在【条件格式】对话框的条件 1 中设置条件为"小于 60",单击【格式】按钮,弹出【单元格格式】对话框,选择【图案】选项卡,选择【大红色】后确定,如图 3-32、图 3-33 所示。

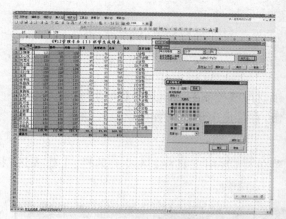

图 3-30　设置条件格式显示语数外不合格的成绩

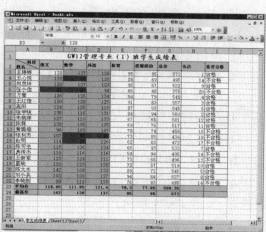

图 3-31　显示满足不合格条件的单元格

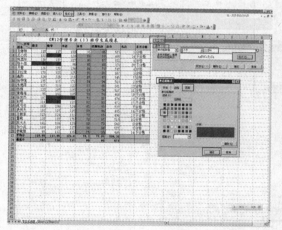

图 3-32　用条件格式显示其他科不合格的成绩

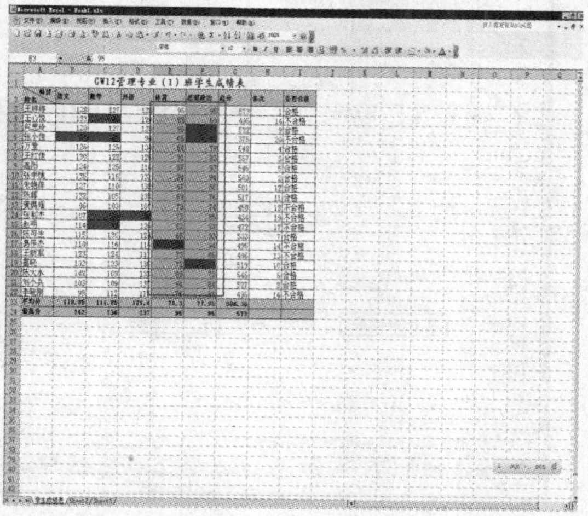

图 3-33　显示满足不合格条件的单元格

小技巧：

① 当以列的方式进行公式复制时，可以通过双击【填充柄】来完成。

② 当列宽不能显示出所填内容时，可以双击该列列号的右边线。

3.1.4　知识加油站

1. Excel 2003 的启动与退出

（1）Excel 2003 的启动

Excel 2003 有四种常用的启动方法：

①【开始】|【程序】|【Microsoft Office】|【Microsoft Office 2003】。

② 双击桌面上的 Microsoft Office 2003 快捷方式图标。

③ 双击扩展名为 .xls 的文件。

④【开始】|【运行】|输入命令【excel】，按回车键。

（2）Excel 2003 的退出

Excel 2003 的退出可选用以下任一种方法：

① 单击主窗口的【关闭】按钮。

② 执行菜单命令【文件】|【退出】。

③ 使用 Alt＋F4 组合键。

④ 单击窗口标题栏左边的【控制】菜单按钮，打开【控制】菜单，选择【关闭】命令。

⑤ 双击窗口标题栏左边的【控制】菜单按钮，直接退出该应用程序窗口。

2. Excel 2003 的窗口组成

在 Excel 2003 的窗口中，包含有标题栏、菜单栏、常用工具栏、格式工具栏、工作表区、状态栏等，如图 3－34 所示。

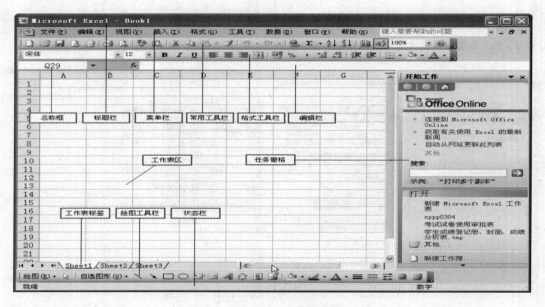

图 3－34　Excel 2003 窗口

3. 工作簿、工作表、单元格的概念

（1）工作簿

在 Excel 中，电子表格是以工作簿为单位存放在计算机的辅助存储设备（通常是磁盘）上的；其对应文件的扩展名为 .xls。通常情况下，将 Excel 工作簿文件简称为"Excel 文件"。

一个 Excel 工作簿文件被打开后，其应用程序窗口由两部分组成，一部分是程序窗口，也称为主窗口；另一部分是工作窗口，也就是工作簿窗口，也称为文档窗口。

（2）工作表

工作表是工作簿里的一页。工作表由若干单元格组成。一个工作簿中最多可以创建 255 个工作表（根据储存设备的内存来确定），每一个工作表都有一个名字，默认情况下新建的 Excel 文件或新插入的工作表分别以 Sheet1，Sheet2，Sheet3，…命名。

（3）单元格

一张工作表由若干水平和垂直的网络线分割成许多小格子，这些小格子称为单元格

(Cell)。

一个工作表最多可以包含 256 列、65 536 行；

从上到下每行都有一个行号，分别从 1～65536；

从左到右每列都有一个列标，分别是 A，B，…，Z，AA，AB，…，IV，共有 256 列；

列标和行号决定了一个单元格的地址，如 C25 表示第 3 列第 25 行的单元格。

单元格区域：在实际制作表格时，对一个单元格的操作往往是不够的，要经常用到由多个相邻或不相邻的单元格组成的区域，它在 Excel 中被称为单元格区域。单元格区域同单元格一样也使用地址来标识。相邻单元格的标识由左上端的单元格地址和右下端单元格地址组成，中间用冒号：分开。

活动单元格：指当前正在使用的能够接受键盘输入的单元格。工作表中一次只能有一个单元格是活动的，活动单元格的地址显示在名称框里。

4. 工作簿与工作表的管理

（1）新建工作簿

新建 Excel 工作簿文件的常用方法有以下几种：

① 通过开始菜单和桌面快捷方式启动 Excel 2003，自动建立一个全新的工作簿，默认名称为 Book1。

② 在 Excel 主窗口中单击菜单命令【文件】|【新建】，通过【新建】对话框来创建。

③ 单击常用工具栏上的【新建】按钮，直接新建空白工作簿。

（2）打开工作簿

打开已有的工作簿文件（扩展名为 .xls）通常有以下几种方法：

① 菜单方式：【文件】|【打开】。

② 工具栏方式：单击工具栏上的【打开】按钮。

③ 在 Windows 资源管理器窗口中找到要打开的 Excel 文件，直接双击其图标即可。

（3）保存工作簿

① 首次存盘：与 Word 相似，新工作薄第一次保存时，弹出【另存为】对话框，其操作与 Word 相同，这里不再介绍。

② 编辑过程中存盘：编辑工作簿的过程中，为了避免突然断电等意外情况而造成的数据丢失，应随时单击常用工具栏上的【保存】按钮存盘，也可以执行菜单命令【文件】|【保存】，或按 Ctrl＋S 组合键。

③ 更改文件名或更改位置存盘：有时想将正在编辑的工作簿换一个文件名或换一个路径位置保存，则执行菜单命令【文件】|【另存为】，在弹出的【另存为】对话框中重新选择文件名或保存位置。

（4）关闭工作簿

这里所指的关闭工作簿是指关闭工作簿子窗口，而不是 Excel 应用程序主窗口。有两种常用方法可以关闭工作簿窗口：

① 单击窗口中的【关闭】按钮。

② 执行 Excel 菜单命令【文件】|【关闭】。

（5）工作表的重命名

新建工作簿的工作表名称默认为 Sheet1，Sheet2，Sheet3，用户可根据工作表中的内容为

工作表重新取个名称,即工作表的重命名操作。有以下两个操作可以实现工作表重命名:

① 双击工作表标签,使工作表名称处于可编辑状态,再输入新表名即可。

② 在工作表标签上右击,执行快捷菜单中的【重命名】命令。

（6）插入新工作表

新建工作簿时,默认包含三个工作表,插入新工作表时右击某工作表标签,执行其快捷菜单命令【插入】,则在该工作表之前插入一张新工作表。

也可执行 Excel 菜单命令【插入】|【工作表】。

（7）工作表的移动和复制

移动工作表,即改变工作表的摆放顺序。用鼠标拖动工作表标签即可。

复制工作表,则是为工作表建立副本。当需要建立的工作表与已有的工作表有许多相似之处时,可以先复制再进行修改。要复制工作表,先选择待复制的工作表,再按住 Ctrl 键拖动,即复制了一个工作表,其名称是原工作表名后加一个带括号的序号。

（8）删除工作表

选择一个或多个工作表,执行菜单命令【编辑】|【删除工作表】,弹出提示对话框。单击【确定】或【取消】按钮,以确定删除或不删除所选工作表。也可以右击需删除的工作表标签,执行【删除】命令。

5. 输入与编辑各种类型的数据

（1）输入数据

在 Excel 2003 的工作表中,用户输入基本数据的类型有两种,即常量和公式。常量指的是不以等号开头的单元格数据,包括文本、数字、日期和时间等;而公式则是以等号开头的表达式,一个正确的公式会运算出一个结果,这个结果将显示在公式所在的单元格里。

为单元格输入数据,首先要单击或用上下左右方向键使待输入数据的单元格成为活动单元格(活动单元格以黑色边框显示,其地址显示在名称框里),然后再用下列两种方法中的其中之一为活动单元格输入数据:

在活动单元格中直接输入数据,输入完毕按回车键确认/按 Esc 键撤销;

在编辑栏中输入数据,输入完毕按回车键或单击【确定】按钮确认/按 Esc 键或单击【撤销】按钮撤销。

若要修改某个单元格中已经输入好的数据,有以下两种常用的方法:

先单击或用上下左右方向键使该单元格成为活动单元格,然后再到编辑栏中进行修改;

双击该单元格,使单元格处于可编辑状态,光标在单元格中闪烁,然后在该单元格中直接进行修改。

（2）常量的数据类型

Excel 2003 中输入的常量分为数值、文本、日期时间三种数据类型

1）数值型数据输入

在 Excel 2003 中组成数值数据所允许的字符有:0～9 十个数字、正负号、圆括号(表示负数)、分数线(除号)、$、%、小数点、E、e。

对于数值型数据输入,有以下几点需要说明:

① 默认情况下,数值型数据在单元格中靠右对齐。

② 默认的通用数字格式一般采用整数(如 7878)、小数(如 77.68)。

③ 数值的输入与数值的显示未必相同。例如单元格宽度不够时,数值数据自动显示为科学记数法或几个"♯"号。例如,输入 1230000000 而单元格宽度不够时,将自动显示为 1.23E＋09,如果宽度特别小,则显示为几个"♯"号。

④ 输入负数时既可以用"－"号,也可以用圆括号,如－100 也可以输入为(100);输入分数时,先要输入 0 和空格,然后再输入分数,否则系统将按日期对待。

⑤ 若要限定小数点后数字的位数,可以在该单元格上右击,执行【设置单元格格式】菜单命令,然后在弹出对话框的【数字】选项卡的【分类】列表框中选择数字,再设定小数的位数(还可以设定千分位分隔符和负数的显示格式)。

2) 文本型数据输入

Excel 文本包括汉字、英文字母、数字、空格及其他键盘上能输入的符号。文本数据在单元格中默认左对齐。有些数字(如电话号码、身份证号等)因为 Excel 默认情况下将它们识别为数字类型,并且以科学记数法进行显示,所以常常需要手工将它们转换为字符型数据进行处理。有两种常用方法可以实现这种转换:

① 在数字序列前加上一个单引号"'"。

② 在该单元格上右击,执行【设置单元格格式】菜单命令,然后在弹出对话框的【数字】选项卡的【分类】列表框中选择【文本】。

3) 日期和时间型数据输入

Excel 内置了一些日期时间的格式,当输入数据与这些格式相匹配时,Excel 将识别它们为日期或时间型。Excel 常见的日期时间格式为"mm/dd/yy""dd－mm－yy""hh:mm(am/pm)",其中 am/pm 前应有一个空格,它们不区分大小写。

若要同时输入日期和时间,需要在日期和时间之间至少留一个空格。

若要输入当天日期,按 Ctrl＋;组合键即可。

若要输入当前时间,按 Ctrl＋Shift＋:组合键。

(3) 智能填充数据

在 Excel 2003 中,有时候许多处于同一列或同一行上的相邻单元格具有相同的数据,或数据成序列,这时为了加快输入,可使用系统提供的【自动填充】功能。该功能可以填充相同的数据,也可以填充数据的等比序列、等差序列和日期时间序列等,当然也可以自定义序列。

1) 复制填充

复制填充指将一个单元格中的数据复制到同一行或同一列的其他相邻单元格中。

操作步骤:对于一般填充数据,单击它所在的单元格,将鼠标移到填充柄上(位于单元格的右下角),当鼠标指针变成黑色十字型时,按住鼠标左键拖曳即可。

2) 序列填充

这里的序列一般是指等比序列、等差序列或日期时间序列。而不管哪一种序列,都需要确定其步长值。

① 默认步长值为 1:对于数值类型的等差序列,其操作类似于复制填充,只不过在拖曳的同时需要按住 Ctrl 键。

② Excel 自动识别步长:针对等差序列,先准备几个能够确定步长的初始值,再同时选中这几个单元格,将鼠标移到填充柄上(位于单元格的右下角),当鼠指针变成黑色十字形时,按住鼠标左键进行拖曳。

③ 通过【序列】对话框设置步长:首先在单元格中输入初始值并按回车键,然后执行菜单命令【编辑】|【填充】|【序列】,弹出【序列】对话框。在该对话框中设置【序列产生在】【类型】【步长值】【终止值】选项,单击【确定】按钮即可输入一个序列。

6. 公式与函数

(1) 使用公式

Excel 除了能进行一般的表格处理外,还具有较强的数据计算能力。可以在 Excel 单元格中使用公式或者使用 Excel 所提供的函数来完成对工作表数据的计算。公式和函数体现了 Excel 的强大功能和相比于其他表格软件的优越性。

1) 运算符号

Excel 中的运算符号分成如下三类:

① 算术运算符:＋、－、＊(乘)、/(除)、ˆ(乘方)、%(百分比)。

② 比较运算符:＝(等于)、＜＞(不等于)、＜(小于)、＜＝(小于或等于)、＞(大于)、＞＝(大于或等于)。

③ 文本连接符:&(连接),即将两个字符串连成一个串。

2) 公式及公式的基本结构

在 Excel 2003 中,公式指的是由操作数(单元格引用、常数、函数)和运算符组成的表达式,如果表达式合法,可计算出新的值,称为公式的计算结果。公式的计算结果显示在公式所在的单元格里。

在 Excel 2003 中,公式总是以等号(＝)开始,如

$$＝D7＊6＋SUM(E12:G17)$$

其中:

＝是公式的开始;

＋和＊是两个运算符;

D7 是单元格引用;

E12:G17 是单元格区域引用;

SUM 是求和函数,用于对 E12:G17 区域内单元格中的数值求和。

3) 公式的输入和修改

在单元格中输入或修改公式,是先选择该单元格,然后从编辑栏中输入或修改公式。按回车键确认输入或修改,按 Esc 键则表示撤销。

4) 单元格引用

在编辑公式时常常会引用单元格数据。单元格引用有相对引用、绝对引用、混合引用和跨工作表引用等。

① 相对引用。单元格地址的相对引用反映了该地址与引用该址的单元格之间的相对位置关系,当将引用该地址的公式复制到其他单元格时,这种相对位置关系也随之被复制。也就是说,在复制单元格的相对引用地址时,其实际地址将随着公式所在的单元格位置的变化而改变。例如,F2 单元格的公式为"＝A1＋MIN(B1:C2)",若将此公式复制到 G4 单元格中,公式将变成"＝B3＋MIN(C3:D4)",F2 单元格同其公式中用到的单元格的相对位置与 G4 单元格同其公式中用到的单元格的相对位置是一致的。

② 绝对引用。绝对引用地址是指将它复制到其他单元格时其地址是不变的。如果在相

对地址的列标与行号前均加一个 $ ，就变成了绝对地址。

③ 混合引用。混合引用是指在列标与行号中，一个使用绝对地址，而另一个使用相对地址。例如，F7 是相对地址，E7 是绝对地址，而 $E7（列固定，行可变）和 E$7（列可变，行固定）均是混合地址。

④ 跨工作表引用。跨工作表引用即在一个工作表中引用另一个工作表中的单元格数据。为了便于进行跨工作表引用，单元格的准确地址应该包括工作表名，其形式为：工作表名！单元格地址。如果单元格是在当前工作表，则前面的工作表名可省略。

（2）使用函数

为了方便用户计算的需要，Excel 2003 提供了大量的事先定义好的内置公式——函数。

1）函数格式

在 Excel 2003 中，函数以函数名开头，其后是一对圆括号，括号中是若干参数，如果有多个参数，两两之间用逗号隔开。参数是函数运算的对象，可以是数字、文本、逻辑值、引用等。

2）函数的使用

① 如果对所使用的函数很熟悉，直接在单元格或编辑栏中输入即可。

② 对于求和、求平均值、求最大值、求最小值等常用的功能，可单击常用工具栏上的【自动求和】按钮。

③ 执行 Excel 菜单命令【插入】|【函数】或单击编辑栏左边的按钮，将弹出【插入函数】对话框，然后在该对话框中选择要插入的函数。

3）常用函数

① 求和函数：SUM（）。

格式：SUM（参数 1，参数 2，……）

功能：求各参数的和。参数可以是数值或含有数值的单元格引用，至多包含 30 个参数。

② 求平均值函数：AVERAGE（）。

格式：AVERAGE（参数 1，参数 2，……）

功能：求各参数的平均值。参数可以是数值或含有数值的单元格引用。

③ 求最大值函数：MAX（）。

格式：MAX（参数 1，参数 2，……）

功能：求各参数中的最大值。

④ 求最小值函数：MIN（）。

格式：MIN（参数 1，参数 2，……）

功能：求各参数中的最小值。

⑤ 计数函数：COUNT（）。

格式：COUNT（参数 1，参数 2，……）

功能：求各参数中数值型参数和包含数值的单元格个数。参数类型不限。

例如，＝COUNT（99，C5：C8，"Oracle"），若 C5：C8 中存放的全是数值，则函数的结果是 5（C5：C8 中有 4 个数值，加上 99 参数 1 个数值，共 5 个）；若 C5：C8 中只有一个单元格存放的是数值，则结果为 2。

⑥ 条件判断函数：IF（）。

格式:IF(条件表达式,值1,值2)

功能:如果条件表达式为真,则结果取值1;否则,结果取值2。

⑦ 条件计数函数:COUNTIF()。

格式:COUNTIF(单元格区域,条件式)

功能:计算单元格区域内满足条件的单元格的个数。

⑧ 排名次函数:RANK()。

格式:RANK(待排序的数据,数据区域,升降序)

功能:计算某数据在数据区域内相对其他数据的大小排位。

说明:升降序参数用0或忽略表示降序,非0值表示升序。

⑨ 条件求和函数:SUMIF()。

格式:SUMIF()(条件区域,以数字、表达式或文本形式定义的条件,用于求和计算的实际单元格)。

功能:对满足条件的单元格求和。

3.1.5 触类旁通

1. 制作出口产品统计表

要求:

① 为出口产品统计表新建工作簿,并将其保存在“我的文档”文件夹中,文件名为“出口产品统计表.xls”,录入数据如图3-35所示。

② 设置标题字体为【仿宋_GB2312】,字号为18,加粗;合并单元格区域A1:D2并设置居中对齐。

③ 其他单元格字体为【仿宋_GB2312】,字号为14,加粗;表头单元格水平居中。

④ “销量”不能有负数,低于500的用红色加粗斜体显示。

⑤ 出口额保留两位小数,不能有负数,出口额高于50 000的用红色加粗斜体显示。

⑥ 表格外边框为“粗实线”,内部表线为“细实线”。

操作步骤:

① 启动Excel 2003,新建工作薄,将其保存在“我的文档”文件夹中,文件名为“出口产品统计表.xls”。

② 输入标题文字。

③ 为【销量】项和【出口额】项下的数据设置数据有效性。

④ 输入其他数据。

⑤ 为【销量】项和【出口额】项下的数据设置条件格式。

⑥ 设置单元格字体、对齐格式。

⑦ 添加边框。

⑧ 保存文件,关闭文件。

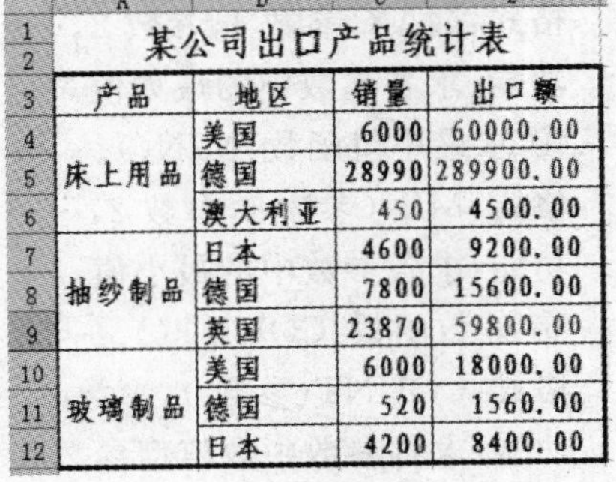

	A	B	C	D
1–2	某公司出口产品统计表			
3	产品	地区	销量	出口额
4	床上用品	美国	6000	60000.00
5		德国	28990	289900.00
6		澳大利亚	450	4500.00
7	抽纱制品	日本	4600	9200.00
8		德国	7800	15600.00
9		英国	23870	59800.00
10	玻璃制品	美国	6000	18000.00
11		德国	520	1560.00
12		日本	4200	8400.00

图3-35 出口产品统计表

2. 制作家庭年度开支表

要求：

① 新建工作簿，将其保存在"我的文档"文件夹中，文件名为"家庭年度开支表.xls"，录入数据，如图 3 - 36 所示。

② 设置"家庭年度开支表"的所有文字的字体为【楷体_GB2312】，标题文字"家庭年度开支表"字号为 22，表头字号为 14，其他单元格字号为 12。

③ 表中高于 3 500 元的【基本生活费】、高于 200 元的【通信费】、高于 600 元的【交通费】、高于 900 元的【应酬支出】、高于 6 000 元的【合计】数据均以红色倾斜字体显示。

④ 表格外边框为"粗实线"，内部为"细实线"。

操作步骤：

① 启动 Excel 2003，新建工作簿，将其保存在"我的文档"文件夹中，文件名为"家庭年度开支表.xls"。

② 在工作表 Sheet1 中输入标题文字"家庭年度开支表"。

③ 在 A3 单元格内输入"1 月"，利用自动填充序列功能填充其他月份。

④ 选择菜单命令【格式】|【单元格】，切换到【数字】选项卡，选择【货币】选项，在货币符号中选择"￥"，小数位数保留为 2 位，确定后，货币设置单元格区域 B3：H14 的数据显示为如图 3 - 36 所示的格式。

⑤ 输入其他数据。

⑥ 选择菜单命令【格式】|【条件格式】，分别设置 B3：B14 单元格区域、D3：D14 单元格区域、E3：E14 单元格区域、F3：F14 单元格区域、H3：H14 单元格区域。

⑦ 选择菜单命令【格式】|【单元格】，切换到【边框】选项卡为表格设置边框。

⑧ 保存文件，退出 Excel 2003。

月份	基本生活费	书报费	通信费	交通费	应酬支出	其他支出	合计
1月	￥3,300.00	￥230.00	￥120.00	￥500.00	￥980.00	￥67.00	￥5,197.00
2月	￥3,520.00	￥98.00	￥132.10	￥540.00	￥675.90	￥87.00	￥5,053.00
3月	￥2,900.00	￥54.00	￥231.00	￥480.00	￥540.00	￥99.00	￥4,304.00
4月	￥2,456.00	￥65.00	￥145.00	￥660.00	￥660.00	￥120.00	￥3,966.00
5月	￥1,980.00	￥78.24	￥231.90	￥602.00	￥420.00	￥345.00	￥3,657.14
6月	￥4,300.00	￥23.00	￥99.65	￥534.00	￥900.00	￥564.00	￥6,420.65
7月	￥2,789.90	￥99.00	￥132.50	￥498.00	￥300.00	￥778.00	￥4,597.40
8月	￥3,101.90	￥43.00	￥141.00	￥521.00	￥600.00	￥980.00	￥5,386.90
9月	￥1,800.00	￥220.00	￥120.00	￥450.00	￥456.00	￥45.00	￥3,091.00
10月	￥2,156.40	￥109.00	￥160.00	￥470.00	￥567.00	￥65.00	￥3,527.40
11月	￥3,410.00	￥54.00	￥142.99	￥560.00	￥321.00	￥200.00	￥4,687.99
12月	￥4,300.00	￥45.00	￥130.00	￥645.00	￥972.00	￥70.00	￥6,162.00

图 3 - 36 家庭年度开支表

3.2 项目二 制作个人财务收支情况统计表及图表

本项目通过制作如图 3 - 37 所示的"2012 年个人财务收支情况统计表"及其图表来管理自己的个人财务。

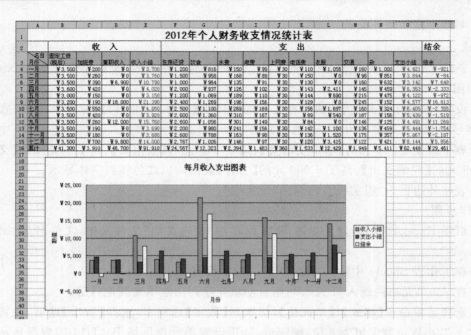

图 3-37　个人财务收支情况统计表及图表

3.2.1　项目情境

每个人都有自己的个人财务情况,它与我们日常生活密不可分。因此,制作一份个人年度财务收支情况统计表,以便时刻对自己的财务情况做到"心中有数",收支明确,从而更好地管理好自己的个人财务。本项目就来练习如何利用 Excel 来制作个人财务收支情况统计表。

3.2.2　项目分析

该项目中将运用以下知识点:

① Excel 2003 的基础操作。

② Excel 2003 表格的格式化。

③ Excel 2003 常用函数与公式的运用。

④ Excel 2003 图表的制作及编辑。

关键词:公式与函数,图表。

3.2.3　项目实施

1.制作表格部分

利用 Excel 制作出如图 3-37 所示的个人财务收支情况统计表及图表。其操作步骤如下:

① 新建工作簿:新建一个 Excel 空白工作簿(默认会新建一个名为"Book1"的空白工作簿),将 Sheet1 工作表重命名为"2012 年个人财务收支情况统计表",并删除 Sheet2,Sheet3,如图 3-38 所示。

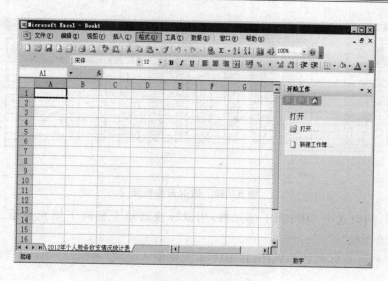

图 3-38　新建工作簿

②　制作表格标题：合并 A1：P1 单元格，输入"2012 年个人财务收支情况统计表"，设置字体为黑体，大小为 22 号，加粗，水平居中显示。

③　制作第 2 行：合并 B2：E2 单元格，输入"收入"。合并 F2：O2 单元格，输入"支出"。在 P2 单元格输入"结余"。选中 A2：P2 单元格区域，设置字体为宋体，18 号大小，加粗，水平居中，设置内外所有框线。

④　制作第 3 行：在 A3：P3 区域，依次为每个单元格输入收入和支出的各项名目（注意：A3 单元格是个斜线表头）。选中 A3：P3 区域，设置单元格自动换行，设置灰色底纹。

⑤　适当调整各列宽度。至此，表头的效果如图 3-39 所示。

图 3-39　制作表格标题及表头

⑥　在 A4：A15 单元格区域各单元格分别输入"一月""二月"……"十二月"（用填充柄填充），在 A16 单元格中输入"累计"。选中"A4：A16 区域，设置灰色底纹。选中 A4：P16 区域，设置内外所有框线。

⑦　设置数据区域的数值类型为货币型：选中 B4：P16 区域，设置其数据类型为货币型，货币符号为￥，小数位数为 0。

⑧　依次在数据区域 B4：P16 的各个单元格里输入数据（需要公式计算的单元格除外）。输入时适当调整列宽。至此，表格效果如图 3-40 所示。

⑨　统计收入小结：在 E4 单元格中输入公式"＝SUM（B4：D4）"，用鼠标拖动填充柄向下填充至 E15 单元格（或在 E4 单元格中双击填充柄）。

⑩　统计支出小结和结余：在 O4 单元格输入公式"＝SUM（F4：N4）"，在 P4 单元格输入公

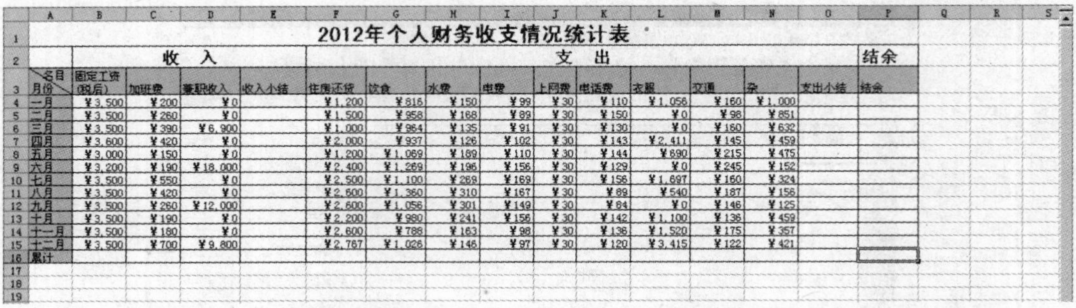

2012年个人财务收支情况统计表

名目/月份	固定工资(税后)	加班费	兼职收入	收入小结	住房还贷	饮食	水费	电费	上网费	电话费	衣服	交通	杂	支出小结	结余
	收入				支出										结余
一月	¥3,500	¥200	¥0		¥1,200	¥816	¥150	¥99	¥30	¥110	¥1,056	¥160	¥1,000		
二月	¥3,500	¥260	¥0		¥1,500	¥958	¥168	¥89	¥30	¥150	¥0	¥98	¥851		
三月	¥3,500	¥390	¥6,900		¥1,000	¥964	¥135	¥91	¥30	¥130	¥0	¥160	¥632		
四月	¥3,600	¥420	¥0		¥2,000	¥937	¥126	¥102	¥30	¥143	¥2,411	¥145	¥459		
五月	¥3,000	¥150	¥0		¥1,200	¥1,069	¥189	¥110	¥30	¥144	¥690	¥215	¥475		
六月	¥3,200	¥190	¥18,000		¥2,400	¥1,269	¥196	¥156	¥30	¥129	¥0	¥245	¥152		
七月	¥3,500	¥550	¥0		¥2,500	¥1,100	¥269	¥169	¥30	¥156	¥1,697	¥160	¥324		
八月	¥3,500	¥420	¥0		¥2,600	¥1,360	¥310	¥167	¥30	¥89	¥540	¥187	¥156		
九月	¥3,500	¥260	¥12,000		¥2,600	¥1,056	¥301	¥149	¥30	¥84	¥0	¥146	¥125		
十月	¥3,500	¥190	¥0		¥2,200	¥980	¥241	¥156	¥30	¥142	¥1,100	¥136	¥459		
十一月	¥3,500	¥180	¥0		¥2,600	¥788	¥163	¥98	¥30	¥136	¥1,520	¥175	¥357		
十二月	¥3,500	¥700	¥9,800		¥2,767	¥1,026	¥146	¥97	¥30	¥120	¥3,415	¥122	¥421		
累计															

图 3-40 输入表格数据

式“＝E4－O4”,同时选中 O4 和 P4 单元格,用鼠标拖动填充柄向下填充至第 15 行(或在 E4 单元格中双击填充柄)。

⑪ 各项收入与支出名目的累计:在 B16 单元格输入公式“＝SUM(B4:B15)”,并向右填充至 P16 单元格。

⑫ 将表格中【收入小结】【支出小结】【结余】列数据设置为红色字体(即将其作为图表的数据源)。至此,表格效果如图 3-41 所示。

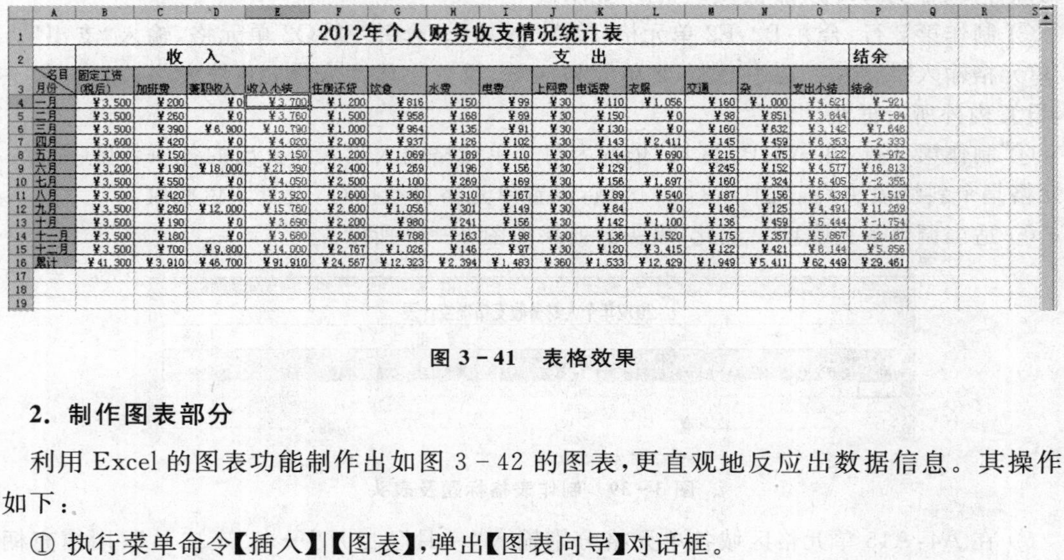

2012年个人财务收支情况统计表

名目/月份	固定工资(税后)	加班费	兼职收入	收入小结	住房还贷	饮食	水费	电费	上网费	电话费	衣服	交通	杂	支出小结	结余
	收入				支出										结余
一月	¥3,500	¥200	¥0	¥3,700	¥1,200	¥816	¥150	¥99	¥30	¥110	¥1,056	¥160	¥1,000	¥4,621	¥-921
二月	¥3,500	¥260	¥0	¥3,760	¥1,500	¥958	¥168	¥89	¥30	¥150	¥0	¥98	¥851	¥3,844	¥-84
三月	¥3,500	¥390	¥6,900	¥10,790	¥1,000	¥964	¥135	¥91	¥30	¥130	¥0	¥160	¥632	¥3,142	¥7,648
四月	¥3,600	¥420	¥0	¥4,020	¥2,000	¥937	¥126	¥102	¥30	¥143	¥2,411	¥145	¥459	¥6,353	¥-2,333
五月	¥3,000	¥150	¥0	¥3,150	¥1,200	¥1,069	¥189	¥110	¥30	¥144	¥690	¥215	¥475	¥4,122	¥-972
六月	¥3,200	¥190	¥18,000	¥21,390	¥2,400	¥1,269	¥196	¥156	¥30	¥129	¥0	¥245	¥152	¥4,577	¥16,813
七月	¥3,500	¥550	¥0	¥4,050	¥2,500	¥1,100	¥269	¥169	¥30	¥156	¥1,697	¥160	¥324	¥6,405	¥-2,355
八月	¥3,500	¥420	¥0	¥3,920	¥2,600	¥1,360	¥310	¥167	¥30	¥89	¥540	¥187	¥156	¥5,439	¥-1,519
九月	¥3,500	¥260	¥12,000	¥15,760	¥2,600	¥1,056	¥301	¥149	¥30	¥84	¥0	¥146	¥125	¥4,491	¥11,269
十月	¥3,500	¥190	¥0	¥3,690	¥2,200	¥980	¥241	¥156	¥30	¥142	¥1,100	¥136	¥459	¥5,444	¥-1,754
十一月	¥3,500	¥180	¥0	¥3,680	¥2,600	¥788	¥163	¥98	¥30	¥136	¥1,520	¥175	¥357	¥5,867	¥-2,187
十二月	¥3,500	¥700	¥9,800	¥14,000	¥2,767	¥1,026	¥146	¥97	¥30	¥120	¥3,415	¥122	¥421	¥8,144	¥5,856
累计	¥41,300	¥3,910	¥46,700	¥91,910	¥24,567	¥12,323	¥2,394	¥1,483	¥360	¥1,533	¥12,429	¥1,949	¥5,411	¥62,449	¥29,461

图 3-41 表格效果

2. 制作图表部分

利用 Excel 的图表功能制作出如图 3-42 的图表,更直观地反应出数据信息。其操作步骤如下:

① 执行菜单命令【插入】|【图表】,弹出【图表向导】对话框。

② 图表向导步骤 1—图表类型:选柱形图,子图表类型为第一个类型。

③ 图表向导步骤 2—图表源数据:先选中 A3:A15 区域,然后按住 Ctrl 键不放,再依次选择 E3:E15 区域、O3:O15 区域、P3:P15 区域,区域选择完毕系统将在【数据区域】文本框自动生成引用,在【系列产生在】中选择【列】。

④ 图表向导步骤 3—图表选项:在图表标题文本框中输入“每月收入支出图表”。

⑤ 图表向导步骤 4—图表位置:选择【作为其中对象插入】。单击【完成】按钮即可生成一个图表,如图 3-43 所示。

⑥ 调整图表中的【绘图区】宽度,使分类轴上的文字呈现 38 度的角度,如图 3-42 所示(也可右击【分类轴】,在其快捷菜单中选择【坐标轴】,将【格式】中【对齐】选项卡中的【偏移量】

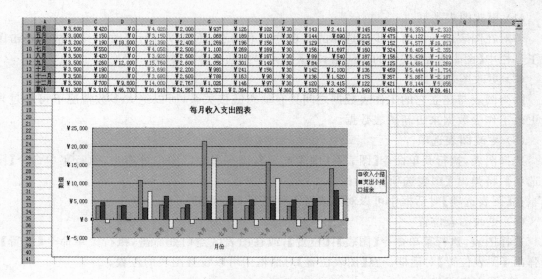

图 3 - 42　月收入支出图表

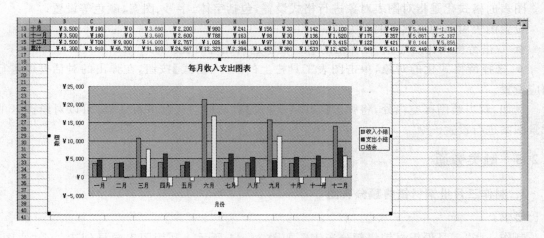

图 3 - 43　利用表向导生成的图表

改为 38 度)。至此,工作表"2012 年个人财务收支情况统计表"制作完成。单击工具栏上的【保存】按钮将工作簿保存后退出。

3.2.4　知识加油站

图表编辑

图表建立好之后,用户还可以对图表的大小、类型或数据系列等进行修改。值得注意的是,图表与建立它的工作表数据之间具有动态链接关系。当改变工作表中的数据时,图表会随之更新;反之,当拖动图表上的节点而改变图表时,工作表中的数据也会动态地发生变化。

编辑图表主要通过以下三种方法:

● 单击待编辑的部件,利用【图表工具栏】中的工具进行修改。

● 右击待编辑的部件,执行快捷菜单命令进行编辑修改。

● 执行【图表】下拉菜单中的命令。

（1）更改图表类型

若对在图表向导的第一步所选择的图表类型不满意，还可以进行修改。其方法是单击图表工具栏中【图表类型】按钮的小三角，在下拉菜单中选择合适类型。

（2）更改图表数据

因为图表与建立它的工作表数据之间具有动态链接关系，所以绝大多数情况下可通过直接更改工作表数据来更新图表数据。

（3）更改图表选项

选择图表，执行菜单命令【图表】|【图表选项】，或在图表区空白处右击，执行菜单命令【图表选项】，将弹出【图表选项】对话框。

在【图表选项】对话框中可以对图表各部件进行相应设置。

（4）更改图表位置

选择图表，执行菜单命令【图表】|【位置】，或在图表区空白处右击，执行菜单命令【位置】，将弹出【图表位置】对话框。在【图表位置】对话框中可以设置图表的位置。

（5）图表格式化

图表的格式化是指对图表对象进行格式设置，包括字体、字号、图案、颜色等设置。

设置图表对象的格式有两种方法：

● 双击待格式化的对象，在弹出的对话框中进行相应设置。

● 选择待格式化的对象，单击图表工具栏上的【＊＊格式】按钮，在弹出的对话框中进行相应设置。

例如，双击绘图区空白处，将弹出【绘图区格式】对话框。通过该对话框，可以对绘图区的背景图案进行设置。

3.2.5 触类旁通

1. 制作三月份钢材销售额分布图

要求：

制作一张"三月份钢材销售额分布表"，如图3-44所示。利用图表向导创建一个"饼图"图表并加上相应的标题。结果如图3-45所示。

	A	B	C	D	E	F
1	三月份钢材销售额分布表					
2	日期	产品名称	销售额	销售地区		
3	2012-3-6	钢材	135	西北		
4	2012-3-7	钢材	1540.5	华南		
5	2012-3-8	塑料	1434.85	东北		
6	2012-3-9	木材	1200	华北		
7	2012-3-10	钢材	902	西南		
8	2012-3-11	塑料	2183.2	东北		
9	2012-3-12	木材	1355.4	华北		
10	2012-3-13	木材	222.2	西南		
11	2012-3-14	钢材	1324	东北		
12	2012-3-15	塑料	2324	西北		
13	2012-3-16	木材	678	华南		
14						
15						
16						
17						

图3-44　三月份钢材销售额分布表

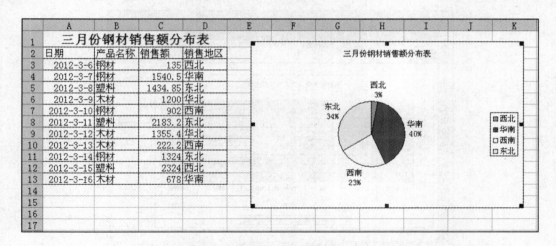

图 3-45　图表制作的最终结果

操作步骤：

① 新建工作簿，将 Sheet1 工作表命名为"实训一（三月份钢材销售额分布表）"。

② 按图 3-44 所示制作一张"三月份钢材销售额分布表"的工作表，并在工作表中任选一空白单元格。

③ 选择菜单命令【插入】|【图表】。

④ 在【图表向导—4 步骤之 1—图表类型】对话框中设置【图表类型】为【饼图】，单击【下一步】按钮。

⑤ 在【图表向导—4 步骤之 2—图表数据源】中选择【系列】选项卡，单击【添加】按钮，添加【名称】【值】【分类轴标志】。注意：选择"钢材"所在的相应数据，即不用选产品名称，只需选择【销售额】对应的数据和【销售地区】对应的区域即可。单击【下一步】按钮。

⑥ 在【图表向导—4 步骤之 3—图表选项】中选择【标题】选项卡，输入相应的图表标题，选择【数据标志】选项卡，勾选【类别名称】和【百分比】复选框，单击【下一步】按钮。

⑦ 在【图表向导—4 步骤之 4—图表位置】中选择【作为其中的对象插入】，单击【完成】按钮。

2. 制作成都市未来几天天气预报图

要求：

设计一张"成都市未来天气预报"工作表，如图 3-46 所示。利用图表向导创建一个"折线图"图表并加上相应的标题。天气预报图的最终效果如图 3-47 所示。

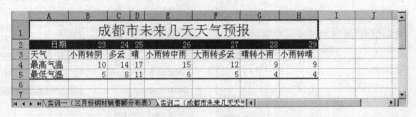

图 3-46　设计工作表

操作步骤：

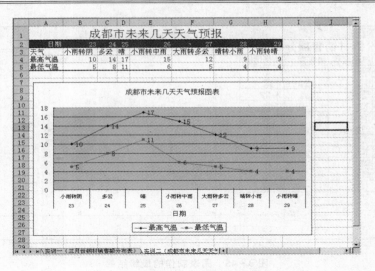

图 3-47　创建折线图

① 插入新工作表,并将其改名为"实训二(成都市未来几天天气预报)"后保存为工作簿。

② 按图 3-46 所示制作一张"成都市未来几天天气预报"工作表,并在工作表中任选一空白单元格。

③ 选择菜单命令【插入】|【图表】。

④ 打开【图表向导—4 步骤之 1—图表类型】对话框。选择【标准类型】选项卡,在【图表类型】列表框中选择【折线图】,在【子图表类型】框中选择【数据点折线图】,单击【下一步】按钮。

⑤ 打开【图表向导—4 步骤之 2—图表数据源】对话框,此时【数据区域】选项卡中的【数据区域】为"=′实训二(成都市未来几天天气预报)′!＄A＄2：＄H＄5",系列产生在【行】,如图3-48 所示。

⑥ 选择【系列】选项卡。此时,图表有两个系列,分别是【最高气温】和【最低气温】。【分类(X)轴标志】为"=′实训二(成都市未来几天天气预报)′!＄B＄2：＄H＄3",如图 3-49 所示。单击【下一步】按钮。

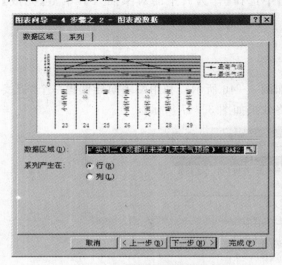

图 3-48　【数据区域】选项卡

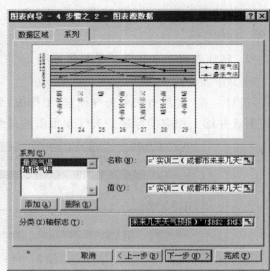

图 3-49　【系列】选项卡

⑦ 打开【图表选项】对话框。选择【标题】选项卡,设置【图表标题】为"成都市未来天气预报图表",【分类(X)轴】为"日期",【数值(Y)轴】为"℃",如图 3 - 50 所示。

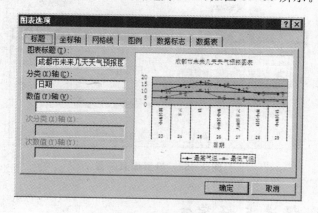

图 3 - 50　设置图表选项

⑧ 在【图表选项】对话框中选择【图例】选项卡,设置图例【位置】为【底部】,如图 3 - 51 所示。

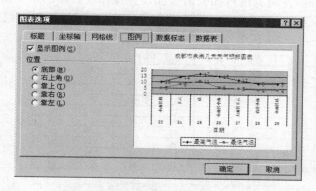

图 3 - 51　设置图例的位置

⑨ 在【图表选项】对话框中选择【数据标志】选项卡,选择【数据标签包括】为【值】。如图 3 - 52 所示。单击【下一步】按钮。

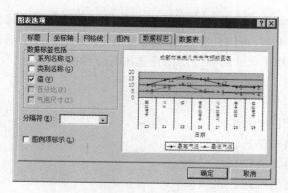

图 3 - 52　设置【数据标签包括】的选项

⑩ 打开【图表向导—4 步骤之 4—图表位置】对话框,选择【作为其中的对象插入】单选按钮,如图 3-53 所示。单击【完成】按钮。完成后适度调整"图表区"的大小,最终效果如图3-47所示。

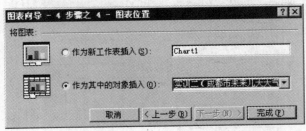

图 3-53　设置图表位置

3.3　项目三　评选三好学生

本项目将根据图 3-54 所示的"航天学院 09 级成绩综合表",评选三好学生,练习使用自动筛选和高级筛选功能,并对其进行相关的页面设置操作及打印的相关知识。

	A	B	C	D	E	F	G	H	I	J
1		航天学院09级成绩综合表								
2								2009.6		
3	学号	姓名	政治	数学	英语	网页设计	体育	综合测评		
4	2009001	王静	78	85	80	85	达标	88		
5	2009002	李海涛	72	77	84	90	达标	90		
6	2009003	孙明	87	55	75	89	达标	96		
7	2009004	孟菲	86	90	82	88	否	95		
8	2009005	赵广	90	79	88	95	达标	95		
9	2009006	吴海波	83	80	75	97	否	89		
10	2009007	张宝平	90	92	68	93	达标	87		
11	2009008	章顺	96	66	90	90	达标	93		
12	2009009	王小辉	80	82	88	87	达标	91		
13	2009010	李晓莉	76	78	85	80	否	90		
14										

项目九／Sheet 2／Sheet 3

图 3-54　学生成绩综合表

3.3.1　项目情境

利用 Excel 中的自动筛选功能和高级筛选功能可以更灵活地收集信息,特别是高级筛选功能打破了单一条件的限制,可以任意地组合查询条件,克服了自动筛选的缺陷,应用更加灵活。本项目练习如何利用 Excel 的筛选功能评选出三好学生。

3.3.2　项目分析

该项目中将运用以下知识点:
① Excel 2003 的自动筛选。
② Excel 2003 的自定义筛选。
③ Excel 2003 的高级筛选。
④ 页面设置。
⑤ 设置打印区域。

⑥ 人工分页。

⑦ 打印预览及打印。

⑧排序。

⑨分类汇总。

关键词:自动筛选,自定义筛选,高级筛选,页面设置,排序,分类汇总。

3.3.3 项目实施

1. 制作表格部分

启动 Excel 2003,设计制作"航天学院 09 级成绩综合表"。

操作要求:本操作要求在工作表中输入成绩单的基本数据,并适当美化表格。

操作步骤:

① 在 A1 单元格中输入"航天学院 09 级成绩综合表",在 H2 单元格中输入"2009.6",在单元格区域 A3:H13 中录入数据,如图 3-54 所示。

② 单击单元格 A1,选择菜单命令【格式】|【单元格】,单击【字体】选项卡,设置【字体】为【隶书】,字号为 20。单击【确定】按钮。

③ 选择单元格区域 A1:H1,选择菜单命令【格式】|【单元格】,单击【对齐】选项卡,选择【文本对齐方式】中的【水平对齐】为【跨列居中】。单击【确定】按钮。

④ 选择单元格区域 A3:H13,单击常用工具栏上的【居中】按钮进行居中操作。

⑤ 选择单元格区域 A3:H13,选择菜单命令【格式】|【单元格】,单击【边框】选项卡,选择线条中的粗线,单击外边框,选择线条中的单线,单击框线内部。单击【确定】按钮。

2. 用自动筛选功能评选出三好学生

数据筛选指在表格中选择符合一定条件的数据。该任务根据设定条件在表格中自动筛选出符合条件的数据单元。

设定三好学生应符合如下条件:体育成绩达标;各科成绩在 80 分以上;综合测评在 90 分以上。

操作要求:利用自动筛选功能对工作表中的学生进行筛选,评出三好学生。

操作步骤:

① 选定单元格区域 A3:H13。

② 选择菜单命令【数据】|【筛选】|【自动筛选】,Excel 会自动给列标题添加自动筛选的下拉箭头,如图 3-55 所示。

	A	B	C	D	E	F	G	H	I
1	航天学院09级成绩综合表								
2								2009.6	
3	学号	姓名	政治	数学	英语	网页设计	体育	综合测评	
4	2009001	王静	78	85	80	85	达标	88	
5	2009002	李海涛	72	77	84	90	达标	90	
6	2009003	孙明	87	55	75	89	达标	96	
7	2009004	孟菲	86	90	82	88	否	95	
8	2009005	赵广	90	79	88	95	达标	95	
9	2009006	吴海波	83	80	75	97	否	89	
10	2009007	张宝平	90	92	68	93	达标	87	
11	2009008	章顺	96	66	90	90	达标	93	
12	2009009	王小辉	80	82	88	87	达标	91	
13	2009010	李晓莉	76	78	85	80	否	90	
14									
15									
16									
17									

图 3-55 Excel 自动筛选

③ 单击列标题【体育】右面的下拉箭头,打开下拉列表。单击【达标】选项,如图 3 - 56 所示。

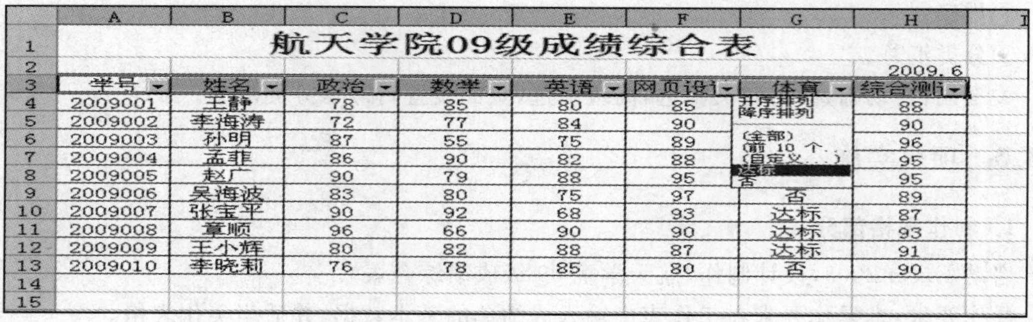

图 3 - 56　筛选【体育】成绩达标的同学

④ 对【体育】列进行筛选时,【体育】成绩达标的同学被筛选出来。

⑤ 单击列标题【政治】右面的下拉箭头,打开下拉列表。选择【自定义】选项,如图 3 - 57 所示。弹出【自定义自动筛选方式】对话框。

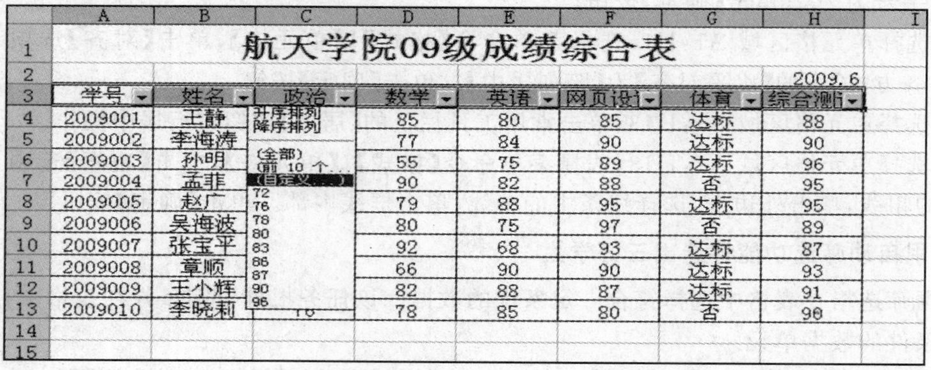

图 3 - 57　选择【自定义】选项

⑥ 在第 1 个下拉列表框中选择【大于或等于】选项,在第 2 个下拉列表框中输入"80",如图 3 - 58 所示。

⑦ 单击【确定】按钮,此时工作表中只显示【政治】分数不低于 80 分的学生,如图 3 - 59 所示。

⑧ 对【政治】列筛选后的学生成绩综合表用类似的方法,分别筛选【数学】【英语】【网页设计】【综合测评】列。

⑨ 使用过筛选的列标题右侧下拉箭头会变为蓝色,如果要还原此表,可以再次打开这些下拉列表,从中选择【全部】选项即可。如果需要将自动筛选取消,则可以选择菜单命令【数据】|【筛选】|【自动筛选】,把命令前面的"√"取消即可。

3. 用高级筛选功能评出三好学生

利用 Excel 中的高级筛选功能可以更灵活地收集信息。它打破了单一条件的限制,可以任意地组合查询条件,克服了自动筛选的缺陷,应用更加灵活。例如,学生符合如下条件之一时,可评为三好学生:

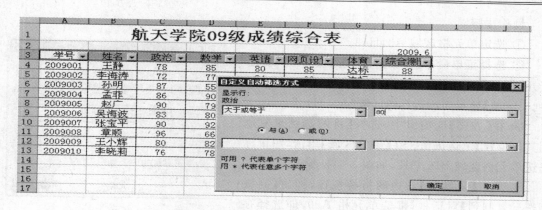

图 3 - 58　设置"政治"科目的筛选条件

	A	B	C	D	E	F	G	H	I
1			航天学院09级成绩综合表						
2								2009.6	
3	学号	姓名	政治	数学	英语	网页设计	体育	综合测评	
6	2009003	孙明	87	55	75	89	达标	96	
7	2009004	孟菲	86	90	82	88	否	95	
8	2009005	赵广	90	79	88	95	达标	95	
9	2009006	吴海波	83	80	75	97	否	89	
10	2009007	张宝平	90	92	68	93	达标	87	
11	2009008	章顺	96	66	90	90	达标	93	
12	2009009	王小辉	80	82	90	87	达标	91	
14									

图 3 - 59　筛选出符合条件的学生

● 体育成绩达标,各科成绩 80 分以上,综合测评 90 分以上。

● 体育成绩达标,各科成绩 75 分以上,综合测评 95 分以上。

（1）设置高级筛选条件

操作要求:根据三好学生的筛选条件,按照固定的格式设置高级筛选的条件。

操作步骤:

① 选定单元格 B16,在单元格区域 B16:G16 中依次输入筛选条件的列标题,即【政治】【数学】【英语】【网页设计】【体育】【综合测评】。

② 根据列标题输入筛选条件,因为两项条件是"或"的关系,要把两项条件分两行表示。如图 3 - 60 所示。

	A	B	C	D	E	F	G	H
13	2009010	李晓莉	76	78	85	80	否	90
14								
15								
16		政治	数学	英语	网页设计	体育	综合测评	
17		>=80	>=80	>=80	>=80	达标	>=90	
18		>=75	>=75	>=75	>=75	达标	>=95	
19								

图 3 - 60　为高级筛选设置条件区域

（2）用高级筛选功能评出三好学生

操作要求:根据高级筛选的条件进行筛选。

操作步骤：

① 选定单元格区域 A3：H13。

② 选择菜单命令【数据】|【筛选】|【高级筛选】，打开【高级筛选】对话框，如图 3－61 所示。此时，【列表区域】显示为所选择的区域"A3：H13"。

③ 在【方式】选项组中，选择【将筛选结果复制到其他位置】单选按钮。在【条件区域】单击，用鼠标框选单元格区域 B16：G18，如图 3－62 所示。

④ 单击【复制到】右边的折叠按钮，弹出【高级筛选－复制到】对话框，框选单元格 A20，即选择存放筛选结果的位置为 A20，如图 3－63 所示。所需要的记录就被筛选出来了，如图 3－64 所示。

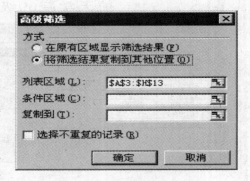

图 3－61　【高级筛选】对话框

16		政治	数学	英语	网页设计	体育	综合测评	
17		>=80	>=80	>=80	>=80	达标	>=90	
18		>=75	>=75	>=75	>=75	达标	>=95	
19								
20								
21								
22								
23								
24								
25								
26								
27								
28								
29								
30								

图 3－62　选择列表区域和条件区域

图 3－63　选择存放筛选结果的位置

16		政治	数学	英语	网页设计	体育	综合测评	
17		>=80	>=80	>=80	>=80	达标	>=90	
18		>=75	>=75	>=75	>=75	达标	>=95	
19								
20	学号	姓名	政治	数学	英语	网页设计	体育	综合测评
21	2009005	赵广	90	79	88	95	达标	95
22	2009009	王小辉	80	82	88	87	达标	91

图 3－64　高级筛选出的所有记录

4. 页面设置及打印输出

（1）页面设置

要将工作簿中的内容通过打印机打印出来，首先要进行页面设置，然后再进行预览。如果预览效果不满意，再进行页面设置，直到满意后，再进行实际打印操作。

在进行页面设置时，可以选择一个工作表，也可以选择多个工作表。通常，只对当前工作表进行页面设置。如果要选择多个工作表一起进行页面设置，在按住 Ctrl 键的同时再分别单击其他工作表，此后的页面设置是对所选择的所有工作表进行的。

执行菜单命令【文件】|【页面设置】，弹出【页面设置】对话框。【页面设置】对话框共有【页面】【页边距】【页眉/页脚】【工作表】4 个选项卡。

①【页面】选项卡：在该选项卡上可以设置纸张方向、大小、缩放等属性。

②【页边距】选项卡：用于设置打印内容与纸张边界大小之间的距离。【水平居中】和【垂直居中】可以让工作表打印在纸张的中间。

③【页眉/页脚】选项卡：用于设置打印页面的页眉和页脚的内容，并提供了十几种预设的页眉和页脚的格式。

④【工作表】选项卡：用于对工作表的打印选项进行设置。

打印区域：在打印工作表时，默认设置是打印整个工作表，但也可以选择其中的一部分进行打印。单击【打印区域】文本框使它获得焦点，用鼠标拖曳选择要打印的区域，则在该文本框内自动生成打印区域的引用。

打印标题：【顶端标题行】是指打印在【每页纸的顶端作为标题的行】的内容。例如，输入"＄1：＄1"，表示第 1 行为标题行。这对于表格较大、需要用多页纸打印时才有用。作为【顶端标题行】的内容可以为多行。【左端标题列】的作用、操作设置与【顶端标题行】相类似。

（2）设置打印区域

有时一个工作表很大，但有些内容不需要打印出来，这时可以将需要打印的内容设置为打印区域，其方法有三种：

● 直接选择打印区域：选定待打印区域，执行菜单命令【文件】|【打印区域】|【设置打印区域】。

● 通过分页预览设置：执行菜单命令【视图】|【分页预览】，选定待打印的工作表区域，右击，在快捷菜单中执行【设置打印区域】。

● 向已有打印区域中添加单元格：执行菜单命令【视图】|【分页预览】，选择要添加到打印区域中的单元格，右击，执行【添加至打印区域】。

如果要删除打印区域，执行菜单命令【文件】|【打印区域】|【取消打印区域】，可以删除已经设置的打印区域。

（3）人工分页

Excel 2003 能根据工作表的内容和纸张大小、边距等进行自动分页。如果当前页不能放置后面的内容时，Excel 2003 会自动给出新的一页。当然，也可以进行人工分页。

① 插入分页符。插入分页符的方法有如下两种：

● 选择工作表中某个单元格，使该单元格成为新页面的左上角单元格，这样把整个工作表分成了 4 页。如果只希望分成上下或左右两页，分别选择行号或列标即可。

● 执行菜单命令【插入】|【分页符】,分页符被插入到工作表中,工作表中会在插入分页符的地方显示虚线条,用以指示分页。

② 用鼠标调整分页。其方法如下:

执行菜单命令【视图】|【分页预览】,查看分页情况。通过鼠标拖移分页框线(蓝色显示),可以对分页进行调整。

(4) 打印预览

对要打印的工作表进行页面设置之后,可以通过【打印预览】观察打印效果。【打印预览】有三种操作方法:

● 单击常用工具栏上的按钮。

● 执行菜单命令【文件】|【打印预览】。

● 在【页面设置】对话框的【页面】选项卡中单击【打印预览】按钮。

打印预览窗口上部有一排按钮,它们的作用是:

【上一页】【下一页】:如果待打印的区域有多页,则通过单击它们可以分别查看其他页。当打开的工作簿有多个工作表时,默认情况下打印预览只显示当前工作表,如果同时选择多个工作表,则可看见所有被选择工作表的打印预览。

【缩放】:放大或缩小打印内容并且不影响打印效果。

【打印】:单击时会打开【打印】对话框。

【设置】:单击该按钮会弹出【页面设置】对话框,可对预览效果不合适的地方给予调整。

【页边距】:单击它以显示或隐藏控制柄,拖动这些控制柄可以改变页边距、页眉/页脚的宽度及高度。

【分页预览】:单击该按钮会切换到【分页预览】视图。

【关闭】:单击该按钮,关闭打印预览窗口,返回 Excel 2003 主窗口。

(5) 打印

打印有 4 种操作方式:

● 执行菜单命令【文件】|【打印】。

● 在【打印预览】窗口中单击【打印】按钮。

● 在【页面设置】对话框中单击【打印】按钮。

● 单击常用工具栏上的【打印】按钮。

第四种方式直接打印当前工作表,而前三种方式都会进入【打印内容】对话框。

小技巧:

① 表格的标题一般采用合并居中的方式显示,选择时要选择标题所在表格的宽度之后再进行合并居中。当合并几个包含有数据的单元格区域时,只能保留最左上角单元格中的数据,其他单元格中的数据将被清除。

② 表格中的数据通常要进行数字格式的设置。单元格格式的设置可以通过菜单命令【格式】|【单元格】完成,也可以在选择的单元格区域上右击,选择快捷菜单中的【设置单元格格式】命令完成。

③ 高级筛选的关键是条件的设置,要求设置条件的列名必须要写在同一行上,各条件之间的关系为"与"和"或",凡是相同行上的条件为"与"关系,不同行上的条件为"或"关系。

3.3.4　知识加油站

1. 数据清单

要对工作表中的数据进行管理,首先要使工作表中的数据具有一定的组织形式。这种具有特殊数据组织形式的工作表叫做数据清单。数据清单类似于关系数据库中的二维表,具有严格的 m 行 $\times n$ 列的结构。在一个数据清单中,使用下列数据规范要求来组织数据:

- 数据清单中的列为一个字段。
- 数据清单中的第一行为字段名,此行中的数据应为文本格式,以下的每一行叫做一条记录。
- 同列的数据,其类型和格式必须相同。
- 数据清单中没有合并的单元格。
- 在同一工作表中只建立一个数据清单。
- 每个单元的数据间不要插入多余的空格,也不要多余的空行或空列。

选择整个数据清单的单元格区域,执行菜单命令【数据】|【记录单】,会打开记录单对话框。在该对话框中,可以对数据清单执行添加新记录、修改记录、删除记录、查找记录等操作。

2. 数据排序

排序是数据库的基本操作。Excel 2003 能够使数据清单中的记录按照某些字段进行排序。排序所依据的字段称为"关键字",最多可以有三个,依次称为"主要关键字""次要关键字""第三关键字"。

先根据主要关键字进行排序,若遇到某些行中主要关键字的值相同而无法区分它们的顺序时,再根据次要关键字的值进行区分,若还相同,则根据第三关键字区分。三个关键字都相同时就只好按其行号大小进行区别了。

当关键字的值是文本型时,对于英文字母、数字、英文标点,即所谓的"ASCII 字符",按其 ASCII 码的值区分大小,即:标点符号 $<0<1<2<\cdots<A<\cdots<Z<\cdots<a<\cdots<z$;对于汉字,则按其在字典中的顺序,一般为其拼音的字母顺序,也可以按其笔画顺序进行排序;对于日期型数据,越早的日期越小。

选择整个数据清单的单元格区域,执行菜单命令【数据】|【排序】,打开【排序】对话框。在该对话框中设置关键字字段和升降序,即可实现对数据清单的排序。

3. 数据筛选

从大量数据中,选出最感兴趣的数据,如前几名、后几名、前百分之几、后百分之几、等于某个值、满足某些条件的数据,称为"筛选"。Excel 中有"自动筛选"和"高级筛选"。

(1) 自动筛选

自动筛选提供了快速访问数据的功能,通过简单的操作,用户就可以筛选出那些满足条件的数据记录。其操作如下:

选择整个数据清单的单元格区域,执行 Excel 菜单命令【数据】→【筛选】→【自动筛选】。命令执行后,数据清单的字段行的每个单元格右下角出现黑色小三角按钮,单击它即可出现下拉菜单。

在自动筛选中还可以自定义筛选条件,这样就扩展了筛选的范围。例如筛选出分数在 65 至 80 之间的成绩记录,操作如下:

① 选择整个数据清单的单元格区域,执行 Excel 菜单命令【数据】→【筛选】→【自动筛选】。

② 单击"分数"字段的小三角按钮,在下拉菜单中选择"(自定义...)",打开对话框,在该对话框里设置两个条件,一个条件是大于或等于 65,一个是小于或等于 80,两个条件的关系设为逻辑与。单击【确定】按钮后即可筛选出分数在 65～80 之间的成绩记录。

（2）高级筛选

高级筛选功能可以帮助用户更灵活地收集信息,可以任意地组合查询条件,克服了自动筛选的缺陷,应用更加灵活。

高级筛选的关键是条件的设置,要求设置条件的列名必须要写在同一行上,各条件之间的关系为"与"和"或",凡是相同行上的条件为"与"关系,不同行的条件为"或"关系。

注意:条件区域的行列格式应与原表中的行列格式一致!

4.分类汇总

"分类汇总"是指把数据清单中的记录先根据某个字段进行分组(该字段称为"分类字段"),然后对每组记录求另一个字段的数据汇总(该字段称为"汇总项")。汇总方式有多种,常用的有求和、求平均、求最大值、求最小值、计数等。

"分类汇总"的操作步骤如下:

① 先对数据清单中的记录按分类字段进行排序,排序后相同的记录被排在一起,即进行了"分组"。

② 选择整个数据清单的单元格区域,执行菜单命令【数据】|【分类汇总】。

③ 在弹出的【分类汇总】对话框中进行相应设置。

【分类汇总】对话框中有三个复选框和【全部删除】按钮,其含义如下:

【全部删除】按钮:将已经做好的分类汇总全部删除。

【替换当前分类汇总】复选框:如果之前已进行分类汇总,选择它则可用当前汇总替换它,否则会保存原有的分类汇总。这样每汇总一次,其新结果均显示在工作表中。利用这点,可在工作表中同时体现多种汇总结果。

【每组数据分页】复选框:若选择它,则每一类(组)占据一页,在打印时每组数据单独印在一页,便于装订与发放。

【汇总结果显示在数据下方】复选框:若不选它,则汇总结果显示在数据的上方,与习惯不符。

3.3.5 触类旁通

1.市场情况分析

要求:

（1）筛选

制作一个市场情况分析表,如图 3-65 所示。用自动筛选功能筛选出【市场情况】为【较好】且【利润(元)】不小于 6000 的各方案,如图 3-66 所示。

操作步骤:

① 创建"市场情况分析表"工作表。

② 选定单元格区域 A1:E13。

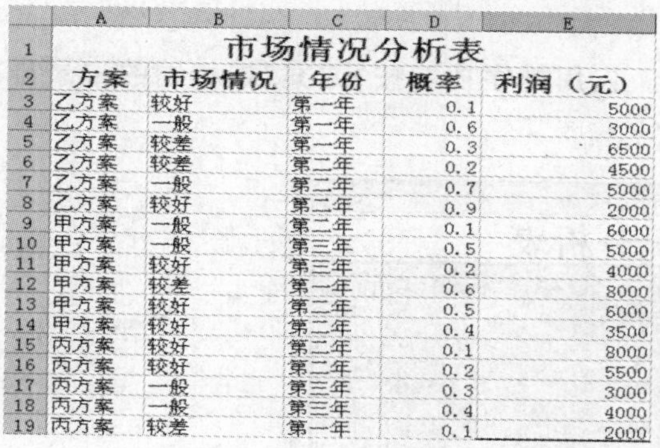

图 3-65　市场情况分析表

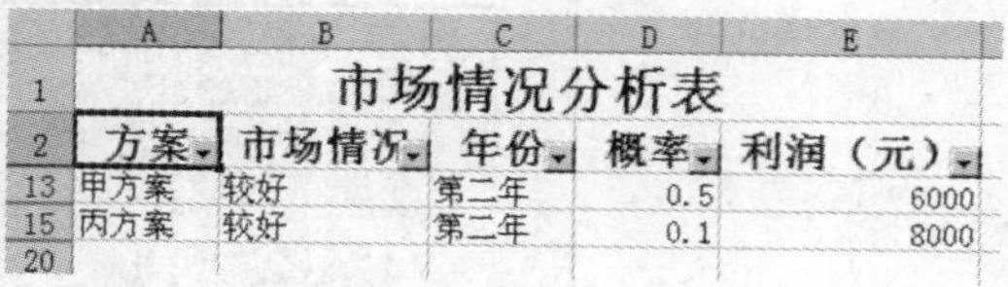

图 3-66　根据条件自动筛选

③ 选择菜单命令【数据】|【筛选】|【自动筛选】。

④ 打开字段名【市场情况】下拉列表,选择【较好】选项。

⑤ 打开字段名【利润(元)】下拉列表,自定义[利润(元)的范围"大于或等于6000"]。

（2）排序

制作一个市场情况分析表,如图 3-67 所示。用排序功能按"利润"从高到底的顺序(按"降序"进行排序)显示出各方案的利润值。如图 3-67 所示。

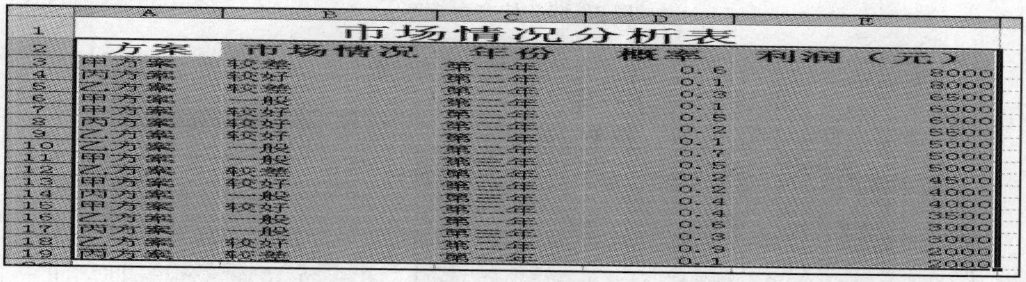

图 3-67　按利润排序后效果

操作步骤:

① 选定单元格区域 A1:E13。

② 选择【数据】→【排序】命令。

③ 在排序对话框中选择"主要关键字"为"利润(元)",然后选择"降序"。如图 3-68 所示。

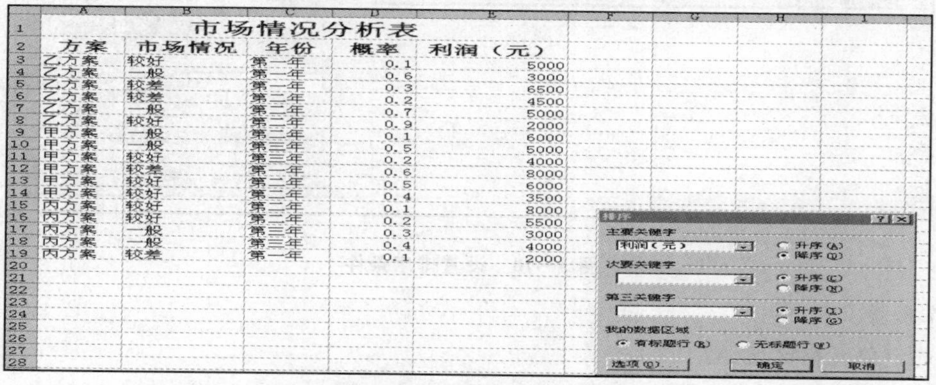

图 3-68　排序对话框的设置

（3）分类汇总

制作一个市场情况分析表,如图 3-69 所示。先用排序功能按"方案"把相同的记录排在一起,即进行了"分组"。如图 3-70 所示。

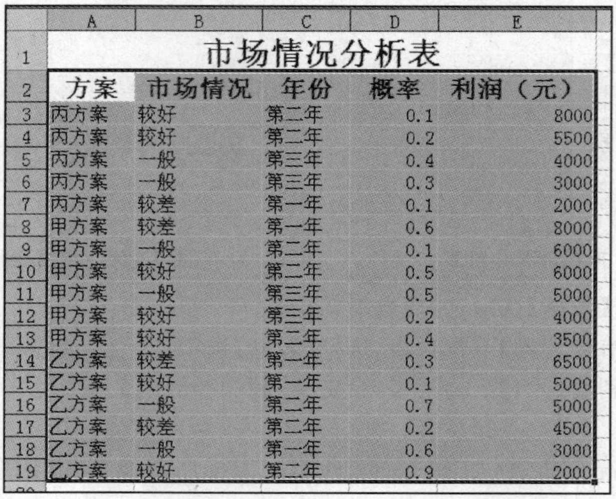

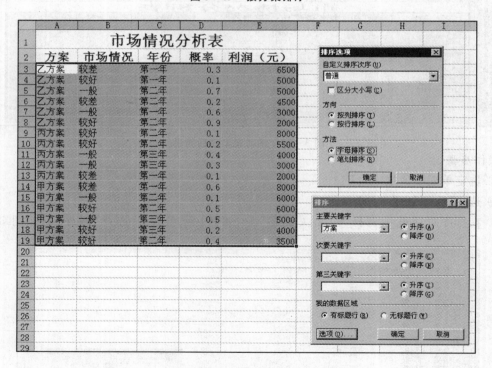

图 3-69　按方案排序

图 3-70　设置排序条件

操作步骤:

① 选定单元格区域 A1:E13。

② 选择【数据】→【排序】命令。

③ 在排序对话框中选择"主要关键字"为"方案",然后选择"升序"。单击左下角的"选项"按钮,打开排序选项对话框,方法为"字母排序",单击确定按钮。如图 3-70 所示。

④ 选择【数据】→【分类汇总】命令进行条件设置。如图 3-71 所示。

⑤ 确定按方案进行分类汇总,如图 3-72 所示。

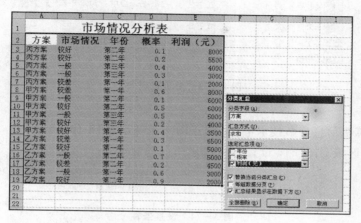

图 3-71 设置汇总条件

1 2 3		A	B	C	D	E
	1			市场情况分析表		
	2	方案	市场情况	年份	概率	利润（元）
	3	丙方案	较好	第二年	0.1	8000
	4	丙方案	较好	第二年		5500
	5	丙方案	一般	第三年	0.4	4000
	6	丙方案	一般	第三年	0.3	3000
	7	丙方案	较差	第一年	0.1	2000
	8	丙方案 汇总				22500
	9	甲方案	较差	第一年	0.6	8000
	10	甲方案	一般	第二年	0.1	6000
	11	甲方案	较好	第二年	0.5	6000
	12	甲方案	一般	第三年	0.5	5000
	13	甲方案	较好	第三年	0.2	4000
	14	甲方案	较好	第二年	0.4	3500
	15	甲方案 汇总				32500
	16	乙方案	较差	第一年	0.3	6500
	17	乙方案	较好	第一年	0.1	5000
	18	乙方案	一般	第二年	0.7	5000
	19	乙方案	较差	第二年	0.2	4500
	20	乙方案	一般	第一年	0.6	3000
	21	乙方案	较好	第二年	0.9	2000
	22	乙方案 汇总				26000
	23	总计				81000

图 3-72 按方案进行分类汇总的最终效果

2. 考生登记表分析

要求:

制作一张考生登记表,如图 3-73 所示。用高级筛选功能筛选出年龄介于 20～30(包含20 和 30),2007 年以后的登记,【模块】为"Internet 应用"的名单。

	A	B	C	D	E	F	G
1	计算机信息高新技术考试（CTTT）考生登记表						
2	姓名	性别	年龄	职业	模块	日期	总分
3	李小平	男	32	教师	办公应用	2000-8-15	92
4	刘小敏	女	22	秘书	数据库	2007-8-16	84
5	张兰	女	40	教师	办公应用	2001-7-1	80
6	吴政华	男	22	学生	Internet应用	2008-6-28	77
7	赵小川	男	20	教师	Internet应用	2007-8-8	80
8	王芳	女	31	学生	计算机速记	2005-6-7	81
9	徐娟	女	23	学生	Internet应用	2006-8-8	79
10	高小华	男	20	学生	图形图像处理	2005-7-10	68
11	王彬银	男	35	秘书	Internet应用	2007-7-1	65

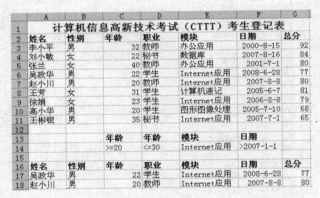

图 3-73　考生登记表

操作步骤：

① 创建“计算机信息高新技术考试(CTTT)考生登记表”工作表。

② 为单元格区域 C13:F14 设置条件，如图 3-74 所示。

13		年龄	年龄	模块	日期	
14		>=20	<=30	Internet应用	>2007-1-1	

图 3-74　设置条件

③ 选择单元格 A2:G10 区域。

④ 选择菜单命令【数据】|【筛选】|【高级筛选】。

⑤ 依次设置条件区域为 C13:F14，复制到目标区域为 A16。

⑥ 确定筛选，如图 3-75 所示。

	A	B	C	D	E	F	G
1	计算机信息高新技术考试（CTTT）考生登记表						
2	姓名	性别	年龄	职业	模块	日期	总分
3	李小平	男	32	教师	办公应用	2000-8-15	92
4	刘小敏	女	22	秘书	数据库	2007-8-16	84
5	张兰	女	40	教师	办公应用	2001-7-1	80
6	吴政华	男	22	学生	Internet应用	2008-6-28	77
7	赵小川	男	20	教师	Internet应用	2007-8-8	80
8	王芳	女	31	学生	计算机速记	2005-6-7	81
9	徐娟	女	23	学生	Internet应用	2006-8-8	79
10	高小华	男	20	学生	图形图像处理	2005-7-10	68
11	王彬银	男	35	秘书	Internet应用	2007-7-1	65
12							
13			年龄	年龄	模块	日期	
14			>=20	<=30	Internet应用	>2007-1-1	
15							
16	姓名	性别	年龄	职业	模块	日期	总分
17	吴政华	男	22	学生	Internet应用	2008-6-28	77
18	赵小川	男	20	教师	Internet应用	2007-8-8	80

图 3-75　高级筛选出的所有记录

习题与思考题

一、选择题

1. Excel 程序启动后，会自动创建文件名为(　　)的工作簿。

　A. 文件 1　　B. 文档 1　　C. 演示文稿 1　　D. Book1

2. 在 Excel 中，(　　)显示活动单元格的列标、行号，它也可以用来定义单元格或区域的名称，或者根据名称来查找单元格或区域。

A. 工具栏　　　　　　B. 名称框　　　　　　C. 状态栏　　　　　　D. 编辑栏

3. 在 Excel 中,(　　　)用于编辑当前单元格的内容。如果单元格中含有公式,则其中显示公式本身,而公式的计算结果会显示在单元格中。

A. 工具栏　　　　　　B. 名称框　　　　　　C. 状态栏　　　　　　D. 编辑栏

4. 在 Excel 中,工作表共有 65536 行。行号位于工作表的左侧,列号(　　　)。

A. 位于工作表的顶端,用字母表示,其顺序是"A,B,C,…,IV"

B. 位于工作表的左侧,用数字表示,其顺序是"1,2,3,…,A,B,…"

C. 位于工作表的左侧,用数字表示,其顺序是"1,2,3,…,65536"

D. 位于工作表的顶端,用字母表示,其顺序是"a,A,b,B,c,C,…"

5. 在 Excel 中,(　　　)可以快速在工作表之间进行切换。

A. 单击工作表标签　　　　　　　　　　B. 单击工作表中任一单元格

C. 单击工作薄　　　　　　　　　　　　D. 单击滚动条

6. 在 Excel 中,通过拖动(　　　),可以将选定区域中的内容复制或按一定规律自动填充到同行或同列中的其他单元格中。

A. 选定的区域　　　　B. 边框　　　　　　C. 填充柄　　　　　　D. 选定的工作表

7. SUM 函数用来对单元格或单元格区域所有数值求(　　　)的运算。

A. 和　　　　　　　　B. 平均值　　　　　C. 平方　　　　　　　D. 开方

8. Excel 中序列填充应使用(　　　)才能实现。

A. 剪切　　　　　　　B. 复制　　　　　　C. 粘贴　　　　　　　D. 填充柄

9. Excel 中在使用公式和函数前必须加上(　　　)。

A. >号　　　　　　　B. <号　　　　　　C. =号　　　　　　　D. 比较运算符号

10. 当用户输入的文本超过了 Excel 的单元格宽度时,如果右边相邻的单元格中没有任何数据,(　　　)。

A. 则超出的文本会延伸到别的单元格中　　B. 则不在显示超出的文本

C. 则输入为非法　　　　　　　　　　　　D. 则显示为"＃＃＃＃"

11. 如果要对数据清单进行分类汇总,必须先对数据(　　　)。

A. 按分类汇总的字段排列,从而使相同的记录集中在一起

B. 自动筛选

C. 按任何一字段排列

D. 格式化

12. 下列属于相对引用的是(　　　)。

A. ＄A7　　　　　　　B. ＄A＄7　　　　　C. A7　　　　　　　　D. 7A

13. 下列属于绝对引用的是(　　　)。

A. ＄E＄5　　　　　　B. E＄5　　　　　　C. E5　　　　　　　　D. 5E

14. 下列属于混合引用的是(　　　)。

A. D＄7　　　　　　　B. ＄D＄7　　　　　C. D7　　　　　　　　D. 7D

15. 下列属于跨工作表引用的是(　　　)。

A. Sheet2!＄D＄15:＄G＄19　　　　　　B. E＄5　　　　　　　C. ＄D＄7

16. 下列函数是条件判断函数的是(　　　)。

A. AVERAGE   B. IF   C. COUNTIF   D. SUM

17. 在 Excel 中使用(　　　)函数求班级的排名。

     A. SUM   B. RANK   C. AVERAGE   D. COUNT

18. 在 Excel 中使用(　　　)函数求最大值。

     A. MIN   B. MAX   C. RANK   D. SUM

19. 要在单元格中输入数据作为文本类型,应在数据前面输入(　　　)。

     A. ：   B. /   C. <   D. '

20. 一般情况下,向单元格输入日期型数据的年、月、日之间用(　　　)符号分隔。

     A. 空格   B. "一"或"/"   C. Enter   D. 0

21. 在 Excel 2003 中,单元格 A1 和 A2 中的数值分别是"1"和"3",选定这两个单元格后,拖动填充柄到单元格 A5,单元格 A4 中的值是(　　　)。

     A. 4   B. 5   C. 6   D. 7

22. 要在单元格中恰好显示最长数据的宽度,将鼠标指针移到列标分界线上变成✛形状时(　　　)。

     A. 双击   B. 单击   C. 松开鼠标   D. 右击

23. 如果单元格内大于 100 的数据都要求用红色显示,应设置单元格的(　　　)。

     A. 条件格式   B. 数据有效性   C. 样式   D. 自动套用格式

二、填空题

1. Excel 2003 工作簿默认的扩展名是＿＿＿＿＿＿＿＿。

2. 在 Excel 2003 中,用黑色实线围住的单元格称为＿＿＿＿＿＿＿＿。

3. 在 Excel 2003 中,要输入数据 2/30,应该先输入＿＿＿＿＿＿＿＿键。

4. 在 Excel 2003 中,数据 −0.000 032 1 的科学计数法表示形式为＿＿＿＿＿＿＿＿.

5. 在 Excel 2003 工作表的单元格中输入（256）,此单元格按默认格式应为＿＿＿＿＿＿＿＿。

6. 在 Excel 2003 中,数值数据的默认对齐方式为＿＿＿＿＿＿＿＿,文本型数据的默认对齐方式为＿＿＿＿＿＿＿＿。

7. 在 Excel 2003 中,＄C＄1 是一个＿＿＿＿＿＿＿＿地址。

8. 在 Excel 2003 中,S7 是一个＿＿＿＿＿＿＿＿地址。

9. 求最大函数的表达式是＿＿＿＿＿＿＿＿,最小函数的表达式是＿＿＿＿＿＿＿＿。

10. 单元格 C1＝A1＋B1,将公式复制到 C2 时,C2 的公式是＿＿＿＿＿＿＿＿。

11. 单元格 C1＝＄A＄1＋B1,将公式复制到 C2,则 C2 的公式是＿＿＿＿＿＿＿＿。

12. 在 sheet1 中引用 sheet3 中的 B3 单元格,格式是＿＿＿＿＿＿＿＿。

13. A1 到 D8 的单元格区域,格式表示为＿＿＿＿＿＿＿＿。

14. 在 Excel 中要输入数字型文本,所输入的数字以＿＿＿＿＿＿＿＿开头。

15. 使用函数时,可以选择菜单【插入】中的＿＿＿＿＿＿＿＿命令来插入函数。

16. 一个工作簿最多可以同时打开＿＿＿＿＿＿＿＿张工作表。

17. 向单元格输入当前系统日期使用的组合键是＿＿＿＿＿＿＿＿,输入当前系统时间的组合键是＿＿＿＿＿＿＿＿。

18. 系统规定必须先创建一个筛选条件区,并在该区内设置相应的筛选条件的筛选操作,称为＿＿＿＿＿＿。

三、判断题

1. Excel 中正在处理的单元格称为活动的单元格。（　　）

2. 一个工作表对应一个 Excel 的磁盘文件。（　　）

3. SUM(A1:A3,5)的作用是求 A1 和 A3 两个单元格的比值与 5 的和。（　　）

4. Excel 中的公式是一种以"＝"开头的等式。（　　）

5. 工作表不能重新命名。（　　）

6. Excel 的选择性粘贴可以复制格式、公式等其他内容。（　　）

7. Excel 的单元格及其区域的引用只适用于同一工作簿文件的内容。（　　）

8. Word 2003 和 Excel 2003 软件中都有一个编辑栏。（　　）

四、简答题

1. 在 Excel 中单元格的引用有哪些？区别在什么地方？

2. 在 Excel 中数据筛选有哪几种？

3. 在用 Excel 进行分类汇总时，应先进行什么操作？

4. 在 Excel 中，如何选择不相邻的多个单元格？

5. 在 Excel 中函数的比较运算符有哪些？

五、问答题

若 C1 单元格输入公式为＝A1＋B1，将 C1 单元格公式复制到 C2 单元格，公式变成什么，并在表格 C1、C2 中填出结果。

	A	B	C
1	10	5	
2	6	8	

第 4 章　PowerPoint 的制作

本章职业能力目标：

1. 认识 PowerPoint 2003，能利用已有模板制作工作和学习中用到的演示文稿。

2. 能自行设计独立风格的演示文稿模板。

3. 能熟练应用 PowerPoint 2003 软件，能够制作出集文字、图形、声音以及视频等多媒体元素于一身的演示文稿，可以把自己所要表达的信息组织在一组图文并茂的画面中。

4.1　项目一　会议主持幻灯片

通过本项目的学习，完成一个简单会议幻灯片的制作。其实例效果图如图 4-1 所示。

图 4-1　会议主持幻灯片实例效果

4.1.1　项目情境

在当今社会生活中，人们需要经常参加会议。如何让会议更为成功，主要有这几个方面需要注意：让与会者明白会议的目的是什么，会议的主题是什么，会议的具体流程是什么，以及会议的注意事项。这些都可以用幻灯片很好地展示说明。

运用 PowerPoint 创建会议主持演示文稿,仿照实例效果创建"Who am I"活动主持演示文稿,选出优胜者担当下一个项目的活动主持工作。

4.1.2 项目分析

此项目覆盖的知识点主要有以下几个方面:

① 如何创建一个 PPT 演示文稿文件。

② 如何编辑文字、图片、项目编号及版式。

③ 母版编辑与应用。

④ 了解会议主持的方法以及小技巧。

要组织会议,首先应该从什么是会议主持入手,然后创建会议主持演示文稿,再对 PPT 进行美化。

关键词:会议主持,演示文稿,编辑。

4.1.3 项目实施

制作"会议主持幻灯片"的具体操作步骤如下:

① 打开 PowerPoint 2003,此时系统会自动新建一个空白的演示文稿。

② 选择菜单命令【格式】|【幻灯片设计】,此时在右侧出现【幻灯片设计】窗格,选择 Globe. pot 设计模板;再单击【动画方案】,选择需要的动画样式,单击【应用于所有幻灯片】按钮,如图 4-2 所示。

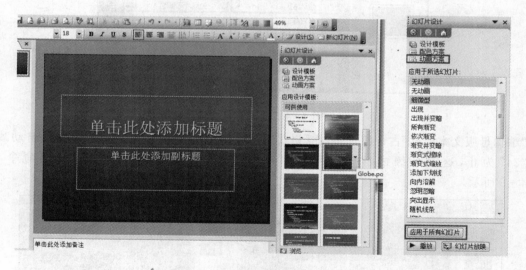

图 4-2 选择动画样式

③ 选择菜单命令【视图】|【页眉和页脚】,在打开的对话框的【幻灯片】选项卡中进行设置,然后单击【全部应用】按钮,使整个演示文稿中都出现日期、页脚和幻灯片编号,如图 4-3 所示。

④ 选择菜单命令【视图】|【母版】|【幻灯片母版】,进入到幻灯片母版视图,如图 4-4 所示。

⑤ 将"母版标题样式"的占位符选中,在【格式】工具栏中将它的【字号】设置为"36";然后

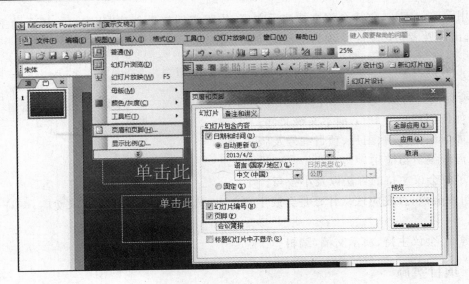

图 4-3　设置【幻灯片】选项卡

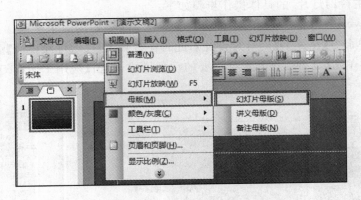

图 4-4　选择菜单命令

将"编辑母版文本样式"占位符选中,在【格式】工具栏中单击【减小字号】直到【字号】自动减小到"24"为止,这时各级内容的字号将自动减小;最后单击【关闭母版视图】命令,如图4-5所示。

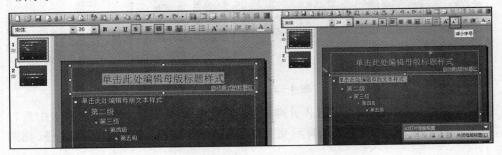

图 4-5　设置母版标题和文本格式的字号

⑥ 在第一张幻灯片的"主标题"占位符中输入文字"2013年3月工作总结",同时在"副标题"占位符中输入文字内容。

⑦ 再开始制作后面的幻灯片内容。执行菜单命令【插入】|【新幻灯片】或按 Ctrl＋M 组合键，插入一个新的幻灯片，在右侧的【幻灯片版式】中选择所需要的版式，并输入相应的文字内容。如法炮制，输入四张幻灯片的文字内容，如图 4－6 所示。

图 4－6　输入幻灯片的文字内容

⑧ 在第二张幻灯片中插入与主题相关的剪贴画，如图 4－7 所示。

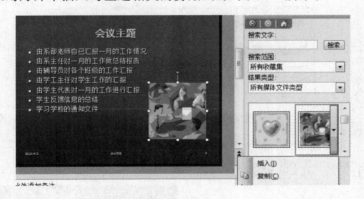

图 4－7　插入剪贴画

⑨ 在第三张幻灯片中插入与主题相关的剪贴画，在【选中的媒体文件类型】下拉列表框中选择【影片】，然后单击【搜索】按钮，在搜索到的图片中选择。这种影片是动画图片，在播放幻灯片时会动起来，如图 4－8 所示。

⑩ 在第四张幻灯片上插入"艺术字"。选择菜单命令【插入】|【艺术字】，弹出【艺术字库】对话框，如图 4－9 所示。单击【确定】按钮。

⑪ 弹出【编辑"艺术字"文字】对话框。在对话框中输入"!"，并设置【字体】为【黑体】、【字号】为"36"并加粗，单击【确定】按钮，这时所选择的幻灯片中便显示所插入的艺术字效果，如图4－10 所示。

图 4-8　插入动画图片并选择媒体文件类型

图 4-9　【艺术字库】对话框

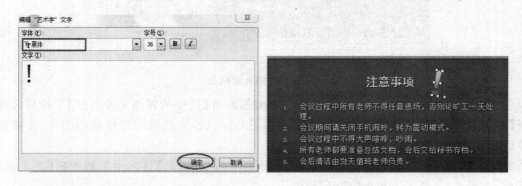

图 4-10　在【编辑"艺术字"文字】对话框中设置字体和字号

⑫ 选择菜单命令【视图】|【工具栏】|【绘图】,或把鼠标放到工具栏所在任务位置,右击,在快捷菜单中选择【绘图】工具栏,出现【绘图】工具栏,并在其上选择【自行图形】|【基本形状】|【太阳形】,之后在当前幻灯片的右下角空白处画一太阳图形。选中该图形,在【绘图】工具栏相

应的命令图标中设置【填充颜色】为"黄色",【线条颜色】为"红色",【线型】为"2.25 磅",如图 4 – 11 所示。

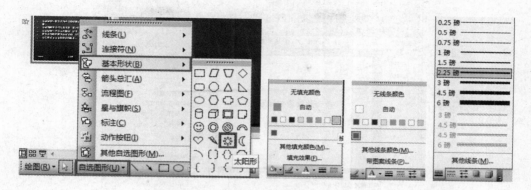

图 4 – 11　设置【填充颜色】【线条颜色】【线型】

⑬ 按 F5 键预览该演示文稿,并保存该演示文稿到相应的位置。

4.1.4　知识加油站

1. 启动和退出 PowerPoint 的方法

（1）启动 PowerPoint 2003

作为 Windows 操作系统下的应用程序,PowerPonit 2003 的启动方法有以下几种:

● 单击【开始】按钮,选择菜单命令【程序】|【Microsoft Office】|【Microsoft Office Power-Point 2003】。

● 双击 PowerPoint 2003 桌面图标。

● 双击 PowerPoint 文档。

（2）退出 PowerPoint 2003

如要退出 PowerPoint 2003,可以选择下述方法之一:

● 选择菜单命令【文件】|【退出】。

● 单击应用程序右上角的【关闭】按钮 ✕ 。

● 双击标题栏左侧的【控制菜单】按钮 ▣ 。

● 按 Alt＋F4 组合键。

2. PowerPoint 2003 的操作环境

PowerPoint 2003 的操作环境如图 4 – 12 所示。

（1）标题栏

标题栏位于窗口的顶部,显示当前所使用的程序名和演示文稿名。

（2）菜单栏

菜单栏位于标题栏的下方。菜单栏提供【文件】【编辑】【视图】【插入】【格式】【工具】【幻灯片放映】【窗口】【帮助】菜单,单击其中一个菜单后弹出相应的下拉菜单,让用户选择所需命令。

（3）工具栏

工具栏位于菜单栏的下方,由一系列的常用工具按钮组成。若要使用工具栏中的某个按钮,直接单击它即可。因此,灵活利用工具栏中的工具按钮进行操作,可以极大地提高工作

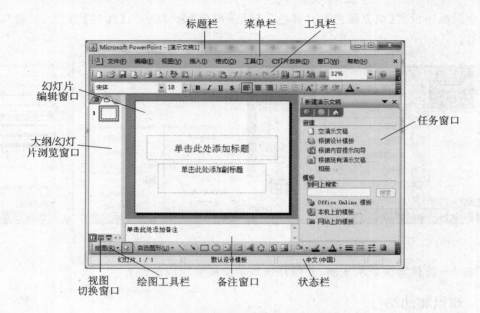

图 4 - 12　PowerPoint 2003 的操作环境

效率。

（4）幻灯片编辑窗口

位于界面最中间的部分就是幻灯片编辑窗口,用于显示当前幻灯片。用户也可以对当前窗口的幻灯片进行编辑。

（5）大纲/幻灯片浏览窗口

大纲/幻灯片浏览窗口位于界面的左侧,用于显示幻灯片文本的大纲或是幻灯片缩略图。单击该窗口左上角的【大纲】标签,可以方便地输入演示文稿要介绍的一系列主题,系统将根据这些主题自动生成相应的幻灯片;单击该窗口左上角的【幻灯片】标签,则演示文稿中的每一个幻灯片以缩略图的方式整齐地排列在下面的窗口中,从而呈现演示文稿的总体效果。

（6）任务窗口

任务窗口位于窗口右侧。它将多种命令集成在一个统一的窗口中。窗口的右上角有两个按钮,分别是【其他任务窗格】按钮和【关闭】按钮。

（7）视图切换窗口

视图切换窗口位于水平滚动条左侧,用于快速切换到不同的视图。

（8）绘图工具栏

绘图工具栏用于绘制一些简单的图片,并可将其自由地插入在演示文稿中。

（9）备注窗口

备注窗口用于输入备注。这些备注可以打印为备注页。

（10）状态栏

状态栏位于窗口的最底部,显示演示文稿的幻灯片数目和所使用的设计模板等。

3. PowerPoint 2003 的视图方式

PowerPoint 2003 中包含了 4 种视图方式,分别是【普通视图】【幻灯片视图】【幻灯片放映视图】【备注页视图】,如图 4 - 13 所示。

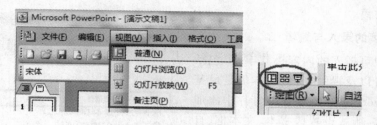

图 4 – 13　PowerPoint 2003 中的视图方式

4. PowerPoint 2003 文件的创建、保存与打开

制作任何漂亮的演示文稿都必须先要创建演示文稿。演示文稿就是指 PowerPoint 文件，它默认的扩展名为 .ppt。

（1）创建演示文稿

启动 PowerPoint 2003 后，软件会自动新建一个空白演示文稿。该文稿不包含任何内容。用户可以直接利用一些空白文稿进行工作，也可以自行新建。其具体步骤如下：

① 选择菜单命令【文件】|【新建】，在窗口右侧弹出的【新建演示文稿】任务窗格单击【空演示文稿】选项。

② 单击工具栏上的【新建】按钮█。

③ 利用 Ctrl＋N 组合键新建空白演示文稿。

（2）演示文稿的保存

① 保存新建演示文稿。因为新建演示文稿从没保存过，所以选择菜单命令【文件】|【保存】，或单击常用工具栏中的【保存】按钮█，或按 Ctrl＋S 组合键，保存时都会弹出【另存为】对话框。在默认情况下，保存的位置是【我的文档】，当然保存文档位置与文件名均可改变。如果直接单击【另存为】命令，结果和保存一样。

② 保存已有文档。如果当前编辑的是一个已有的文档，说明该文档已在外存储器上分配了存储位置，单击【保存】按钮就会自动把修改了的文档覆盖存储到原有文档位置，但如果单击【另存为】命令，则可以重新修改文档"保存的位置"或"文件名"就可以把文档存到另外的地方。

③ 演示文档自动保存。大家都知道，文档没执行保存操作，其数据都是存放在内存中，当出现突然掉电、死机、重启动等现象，内存中的数据将会丢失。为了防止由于意外造成的数据丢失，PowerPoint 提供了【自动保存】功能。

选择菜单命令【工具】|【选项】，弹出【选项】对话框。单击【保存】标签。

在【保存】选项卡中勾选【保存自动恢复信息】复选框，可以更改时间，默认自动保存的时间为"10 分钟"，如图 4 – 14 所示。完成后，单击【确定】按钮即设置成功。

设置后一旦出现意外状况，在重启 PowerPoint 后将自动启动【文档恢复】任务窗口，在此用户可以将自动恢复的演示文稿用其他的名称进行保存。有了这种保护，文档最多丢失的信息为不足设置时间。

（3）打开演示文稿

① 打开最近使用过的文稿。单击【文件】菜单，在下拉菜单的底部列出了最近使用过的演示文稿，只需单击其中的某个文件名，即可以打开相应的演示文稿。

② 使用【打开】对话框。若【文件】下拉菜单中没有要打开的文档，则可以使用【打开】对话

框来打开演示文稿。

5．演示文稿的录入与编辑

演示文稿中可插入的内容极其丰富，包括图片、图表、声音以及视频等，但文本仍是最基本的元素。PowerPoint 2003 在幻灯片中添加文本有 4 种方式：版式设置区文本、文本框、自选图形文本及艺术字。这里先介绍前面两种最主要的方式。

（1）输入文本

文本是演示文稿中不可缺少的基本内容。没有文本，演示文稿就无法将准确的含义传达给观众。

① 在占位符区域输入文本。占位符即幻灯片中用虚线框标注的区域，其中有输入内容的提示语，单击此处即可输入。

② 使用文本框输入。如果要在占位符外输入文本，可以在幻灯片中插入文本框。

图 4-14 【保存】选项卡

- 不自动换行文本框：如果要添加不自动换行的文本，可以单击【绘图】工具栏上的【文本框】按钮 ，然后单击要添加文本的位置，即可开始输入。在输入文本的过程中，文本框的宽度会自动增大，但是文本不会自动换行。

- 自动换行文本框：如果要添加自动换行的文本，还是单击【绘图】工具栏上的【文本框】按钮 ，然后将鼠标移动到要添加文本框的位置，按住鼠标拖动一个区域大小，再在这个文本框中输入内容，这时的文本框宽度不变，当文本输入到文本框的右边界时会自动换行。

（2）选择文本

在 PowerPoint 中"选择"是一个非常重要的概念，用户进行操作前首先需要选定操作对象。

① 选取整个文本框。如果要改变文本框或占位符的位置、加边框，或对整个框中的内容进行整体修改，则需要先单击这个文本框或占位符上的任意位置。这时将出现斜线边框，单击斜线边框，它将自动变为细点边框，表示此时已选取了整个文本框或占位符。

② 选取部分文本框。单击文本框，此时在文本框中出现插入点。将鼠标指针移动到要选定文本的开始处，按住鼠标左键开始拖动。拖动到要选定文本的最后一个字符上，释放鼠标左键，此时被选定的文本呈黑底白字显示，如图 4-15 所示。

（3）删除文本

如果想要删除文本，应先选择要删除的对象，然后按下 Delete 键即可。

（4）移动和复制文本

① 移动文本框。先选中文本框，然后将鼠标放在文本框的边框上，此时的鼠标变为十字形状，按住鼠标左键，进行拖动，拖到满意的位置，释放鼠标即完成。

② 移动部分文本。部分选中文本内容,按下鼠标左键拖动,拖动时会出现一个虚线插入点,拖动至新位置后释放鼠标左键完成操作。

③ 复制文本。方法与移动相似,只是在鼠标拖动时按住 Ctrl 键。

6. 幻灯片的操作

用户在编辑幻灯片的过程中可对幻灯片进行多项操作,如添加幻灯片,删除幻灯片,复制粘贴幻灯片等。

（1）添加幻灯片

① 执行菜单命令【插入】|【新幻灯片】。

② 单击工具栏中的【新幻灯片】按钮。

③ 按 Ctrl＋M 组合键。

图 4 - 15　选定的文本

（2）删除幻灯片

在大纲/幻灯片浏览窗口中选中要删除的幻灯片,按 Delete 键或右击,在弹出的快捷菜单中选择【删除幻灯片】命令即可。

（3）复制粘贴幻灯片

在大纲/幻灯片浏览窗口中选中要复制的幻灯片,右击,在弹出的快捷菜单中选择【复制】命令,选中粘贴幻灯片的目标地址,再次右击,在弹出的快捷菜单中选择【粘贴】命令。

（4）调整幻灯片顺序

选取需调整位置的幻灯片,将其拖动到需要调整的位置,释放鼠标。

（5）设置文本格式

不同格式的文字会带来不同的视觉效果。改变文本格式的操作方法如下:

① 选中要改变格式的文字。

② 执行菜单命令【格式】|【字体】。在【字体】对话框中用户可以对文本的字体、字形、字号和颜色进行设置,也可以用【格式】工具栏中按钮进行设置,如图 4 - 16 所示。

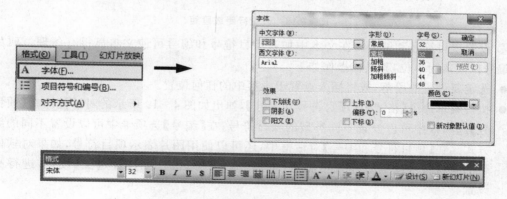

图 4 - 16　【字体】对话框和【格式】工具栏

（6）设置段落格式

段落格式主要有文本对齐方式、文本段落缩进、行间距和段间距、项目符号和编号等。

① 设置文本对齐方式。演示文稿中的文本均有文本框,设置文本的对齐方式主要是用来

调整文本在文本框中的排列方式。文本的对齐方式有【左对齐】【居中】【右对齐】【两端对齐】【分散对齐】。操作时首先选中操作对象,执行菜单命令【格式】|【对齐方式】,选择所需对齐方式即可。当然,也可以用【格式】工具栏中的对齐按钮。对齐方式选项及其效果如图4-17所示。

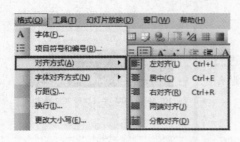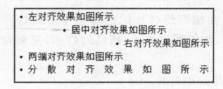

图4-17 对齐方式选项及其效果

② 设置段落缩进。选中要缩进的对象,单击【格式】工具栏上的【减少缩进】按钮 或【增加缩进】按钮 即可。注意,不管是增加还是减少缩进,每次单击只能增加或减少一个字符。

③ 设置行距或段距。段落是用回车符进行识别的,一个段落可以占用多行。

行距:是指段落中各行的垂直间距。

段距:是指各段落之间的间距,并分为段前间距和段后间距。

其操作为:选取要操作的对象,执行菜单命令【格式】|【行距】,在弹出的对话框中,可对行距、段距进行设置,最后单击【确定】按钮,如图4-18所示。

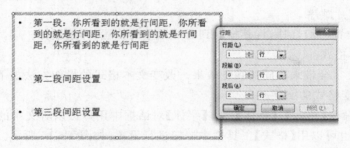

图4-18 设置行距或段距

④ 设置项目符号和编号。在文本中加入项目符号和编号可使文本显得有条理。项目符号和编号以段落为单位,其具体操作如下:

● 选定要设置的段落,或将插入点置于段落中的任何位置。

● 执行菜单命令【格式】|【项目符号和编号】,弹出如图4-19所示的对话框。在【项目符号】选项卡中可以设置不同类型的项目符号;在【编号】选项卡中可以设置不同的编号方式。在【项目符号和编号】对话框中,还可以使用图片表示项目符号,如果对软件自带的项目符号或编号样式不满意,也可以单击对话框中的【自定义】按钮,进行高级设置。

7. 幻灯片母版的运用

想要统一改变演示文稿中所有文字的字体、字号等,如果仍然使用上面所介绍的方法就会显得非常烦琐,这时就可以使用母版来控制演示文稿的外观。

实际上,母版就是一张特殊的幻灯片,它可以被看做一个用于构建幻灯片的框架,在演示

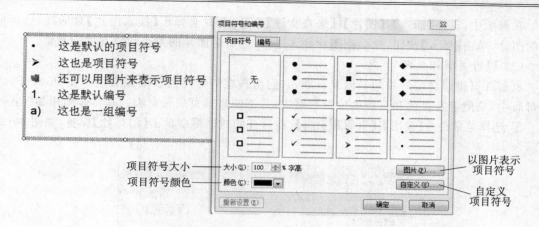

图 4-19　【项目符号和编号】对话框

文稿中,所有幻灯片都会基于该幻灯片母版完成创建,如果改变了幻灯片母版,会影响所有基于母版的演示文稿幻灯片。

母版分为幻灯片母版、讲义母版和备注页母版三种。用户只需选择【视图】菜单中的【母版】命令,就可以在弹出的菜单中选择任意一种母版进行编辑。

● 幻灯片母版:使整个幻灯片风格统一,是最常用的母版。

● 讲义母版:用来控制讲义的打印格式。

● 备注母版:为演示者演示文稿时提示和参考,也可以单独打印。

(1) 编辑幻灯片母版

选择菜单命令【视图】|【母版】|【幻灯片母版】,即可进入幻灯片母版视图。这时会弹出【幻灯片母版视图】工具栏,如图 4-20 所示。

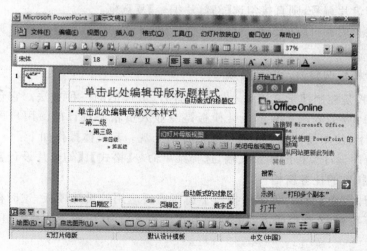

图 4-20　幻灯片母版视图与【幻灯片母版视图】工具栏

① 更改幻灯片母版各文本占位符的格式:这些文本占位符中的字体格式为其后输入文本的格式,可直接选中编辑。

② 向幻灯片中插入对象:用户可以在幻灯片中加入任何对象,使每张幻灯片中都自动出现该对象。其具体操作如下:

在母版中,选择【插入】|【图片】|【来自文件】命令,此时会弹出【插入图片】对话框,选择所需的图片,单击【插入】按钮,就会把图片插入进来,然后对图片的大小和位置进行调整。

(2)设置页眉和页脚

页眉和页脚包含幻灯片编号以及日期,它们出现在幻灯片的顶端或底端。在 PowerPoint 的母版中,只能定义页眉和页脚的位置和格式,并不能添加页眉和页脚。其具体操作如下:

① 选择菜单命令【视图】|【页眉和页脚】,在打开的对话框中单击【幻灯片】标签,如图 4 - 21 所示。

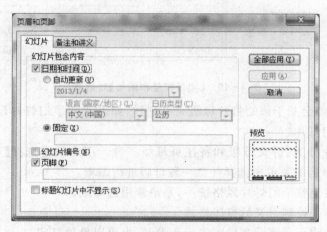

图 4 - 21 【页眉和页脚】对话框

② 要添加日期和时间,可选中【日期和时间】复选框,然后选中【自动更新】或【固定】单选按钮。若选择【自动更新】,则时间会随着系统时间变化;而选择【固定】,则日期将不会变化。

③ 要加上幻灯片编号,则直接勾选【幻灯片编号】复选框。

④ 如要更改页眉和页脚的位置,可以进入相应的母版中,然后将页眉和页脚占位符拖到新的位置即可。

8. 使用设计模板调整演示文稿外观

使用设计模板是控制演示文稿统一外观最有力、最快捷的一种方法。它包含了预定的格式和配色方案。PowerPoint 提供的设计模板是专业人员精心设计的。用户可以在不改动幻灯片内容的前提下,使用设计模板来改变幻灯片的外观。其具体操作如下:

① 打开要应用设计模板的演示文稿,选择菜单命令【格式】|【幻灯片设计】,这时将在程序窗口的右边打开相应的任务窗格。

② 单击【设计模板】按钮,将鼠标指向下边所需要应用的设计模板,这时模板右边会出现下拉箭头,打开下拉列表,选择所需要的应用方式。本示例为【应用于所有幻灯片】,如图 4 - 22 所示。

9. 使用配色方案控制演示文稿颜色

上面介绍了设计模板的应用,在同一张幻灯片上可以随意更换设计模板,但细心的同学会发现,除了背景的更换,标题的文字颜色、文本内容的颜色、超链接的颜色也会跟着更换,这是因为每种设计模板中都自带了配色方案。

每个设计模板都有多种系统提供的配色方案。除此之外,用户还可以根据自己的喜好进

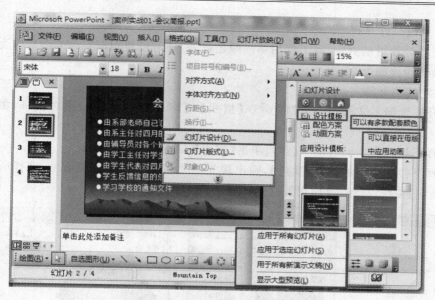

图 4 - 22 选择设计模板的应用方式

行自定义。其具体操作如下：

① 打开一个演示文稿，选择菜单命令【格式】|【幻灯片设计】，这时将在程序窗口的右边打开相应的任务窗格，单击【配色方案】任务窗格。

② 将指针指向需要应用的配色方案上，在配色文字的图标右侧出现一个向下的箭头。

③ 在出现的下拉列表中选择【应用于选定的幻灯片】选项，则只对选定的一个幻灯片应用所选的配色方案；若选择【应用于所有的幻灯片】选项，则对整个演示文稿中的幻灯片都应用选定的配色方案。

④ 如果对现有配色方案不满意，也可以创建自己的配色方案，在【配色方案】任务窗格中单击【编辑配色方案】按钮，打开其对话框，如图 4 - 23 所示。对于颜色的设定，可以使用【标准】和【自定义】两种方式。

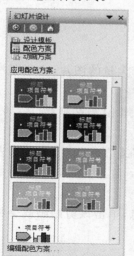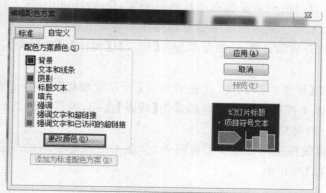

图 4 - 23 【配色方案】任务窗格和【编辑配色方案】对话框

10. 设置幻灯片背景

为了使幻灯片更加美观,除了使用单一颜色以外,还可以使用渐变色或图片作为幻灯片的背景。其具体操作如下:

(1) 设定纯色背景

① 打开一个演示文稿,选择菜单命令【格式】|【背景】,弹出【背景】对话框,如图 4 - 24 所示。

② 选择下拉列表中已有的颜色,再单击【应用】或【全部应用】按钮。

③ 选择下拉列表中的【其他颜色】,则出现如图 4 - 24 所示颜色对话框,选择所喜欢的颜色,单击【确定】按钮,再单击【应用】或【全部应用】按钮。

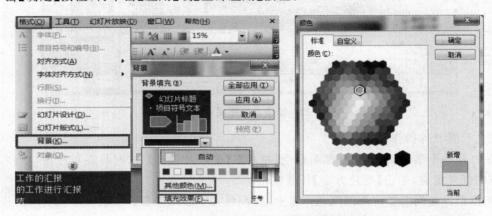

图 4 - 24 【背景】对话框和【颜色】对话框

(2) 填充效果

打开一个演示文稿,选择菜单命令【格式】|【背景】,弹出【背景】对话框。选择【填充效果】,则弹出【填充效果】对话框。该对话框中有【渐变】【纹理】【图案】【图片】4 个选项卡(如图 4 - 25 所示),可根据需要选择后单击【确定】按钮,最后单击【应用】或【全部应用】按钮。

11. 在幻灯片中插入剪贴画、图片和艺术字

在 PowerPoint 2003 中插入图片的方法有多种。

(1) 插入剪贴画

如果自己的电脑里没有图片也不要紧,PowerPoint 2003 有大量的图片,这些图片完全能满足日常工作。插入剪贴画的具体操作步骤如下:

① 打开演示文稿,选择菜单命令【插入】|【图片】|【剪贴画】,弹出【剪贴画】窗格,如图 4 - 26 所示。

② 在【搜索范围】下拉列表中选择【所有收藏集】选项,并在【结果类型】下拉列表中选择【所有媒体文件类型】选项,然后单击【搜索】按钮,等待片刻之后,在下方的显示窗口中就会显示出所有的剪贴画。

③ 将鼠标指向任意一个剪贴画,会显示出该剪贴画的信息,单击该剪贴画就会将其插入到当前的幻灯片中。

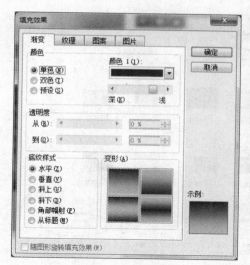
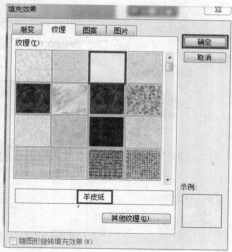
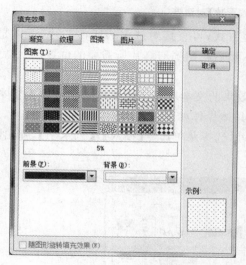

图 4 - 25　【填充效果】对话框

④ 自行调整插入剪贴画的大小位置,插入剪贴画的操作便完成了。

(2) 插入图片

除了可以在幻灯片中插入剪贴画外,用户还可以插入文件中的图片,使幻灯片更加美观和吸引观众。其具体操作如下:

① 打开演示文稿,选择菜单命令【插入】|【图片】|【来自文件】,弹出【插入图片】对话框,如图 4 - 27 所示。

② 在弹出的对话框中,找到需要插入图片的存放位置,选择图片,再单击【插入】按钮。

③ 此时,可以看到所选定的幻灯片中会显示插入的图片。可以对所插入的图片大小、位置作进一步的调整。

图 4 - 26　【剪切画】窗格

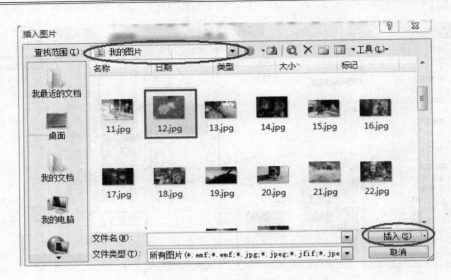

图 4－27 【插入图片】对话框

除了这种传统的方式,还有插入图片的快捷方式,可直接对选定的所需图片(可以是图片文件,也可以是文档或网页中的图片)进行复制,然后粘贴到幻灯片所需要的位置。

(3) 插入艺术字

艺术字是 PowerPoint 2003 中自带的样式效果的文本对象。使用艺术字可以为文本创建出更加绚丽的效果。在幻灯片中插入艺术字的具体操作如下:

① 打开演示文稿,选中其中一张幻灯片,然后选择菜单命令【插入】|【艺术字】,弹出【艺术字库】对话框,如图 4－28 所示。

图 4－28 【艺术字库】对话框

② 在弹出的对话框中,根据自己的喜好和需要,选择一个艺术样式,然后单击【确定】按钮。

③ 此时,会弹出一个【编辑"艺术字"文字】对话框,如图 4－29 所示。在对话框中输入相应的文字,并设置文字的字体、字号和样式,单击【确定】按钮,这时所选择的幻灯片中便显示所

插入的艺术字效果。

图 4 - 29　【编辑"艺术字"文字】对话框及所设置的艺术字效果

像插入图片一样,也可以对所插入的艺术字的大小和位置进行调整。如对所插入艺术字内容不满意,双击这个艺术字,会再次弹出【编辑"艺术字"文字】对话框,对输入的内容进行修改,再单击【确定】按钮,艺术字的内容就更改完成了。

12. 幻灯片的放映

当把演示文稿制作完成后,即可在不同的场合进行演示和播放。PowerPoint 2003 的演示文稿既可以做成透明的幻灯片放映或使用电脑投影仪放映,也可以打印成讲义在会议上分发,还可以制作为 Web,在网络上进行观看。

(1)幻灯片放映

幻灯片放映在预览演示文稿或演示幻灯片时进行,放映可用菜单方式选择菜单命令【幻灯片放映】|【观看放映】,也可以直接用 F5 快捷键。

(2)幻灯片放映方式设置

要设置幻灯片的放映方式,首先选择菜单命令【幻灯片放映】|【设置放映方式】,打开【设置放映方式】对话框,如图 4 - 30 所示。【放映类型】选项组中有三个单选按钮,可分别针对不同的放映方式进行选择。

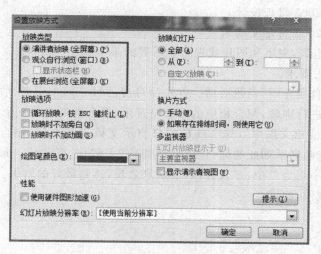

图 4 - 30　【设置放映方式】对话框

● 演讲者放映:该单选按钮是默认选项,它是一种功能介于观众自行浏览和在展台浏览选项之间的放映方式,向用户提供既正式又灵活的放映。放映是在全屏上实现的,鼠标指针在屏幕上出现，放映过程中允许激活控制菜单，能进行画线、漫游等操作。

● 观众自行浏览：提供观众使用窗口自行观看幻灯片来进行放映的一种方式。利用此种方式提供的菜单可以进行翻页、打印甚至 Web 浏览。此时不能单击鼠标按键进行放映，只能自动放映或利用滚动条进行放映。

● 在展台浏览：这是三种放映方式中最为简单的一种。在放映过程中，除了保留鼠标指针用于选择屏幕对象进行放映外，其他的功能将全部失效，终止放映只能按 Esc 键。

4.2 项目二 "自我介绍"演示文稿

通过该项目的学习能熟悉图片的插入与编辑，掌握表格和图表的应用，能自如应用自定义动画设计动态演示文稿。此外，"计算机文化基础"是一门公共基础课，主要在新生入学的第一学期开设，新生刚远离家乡，同学之间相互比较陌生，通过对 PowerPoint 的学习，进行"自我介绍"的设计和演讲，促使新生们认清自己，减缓思乡情绪，增进相互间的了解。

4.2.1 项目情境

组织"自我介绍"专题活动。每位同学用 PowerPoint 2003 设计一篇个性鲜明的"自我介绍"，并以小组为单位，每小组选出两名优秀同学的作品以演讲的方式上讲台进行发表。要求必须要有图片、文字、动画、声音等元素，各元素之间搭配自然、和谐、相得益彰，充分突出主题，让同学和老师对你有个深刻的好印象。

4.2.2 项目分析

此项目主要从"我""我的兴趣爱好""我的家乡"等多方面介绍自己，让班上的同学了解自己。在制作的过程中其覆盖的知识点主要有以下几个方面：

① 演示文稿色彩的搭配。

② PowerPoint 2003 母板设计。

③ PowerPoint 2003 自定义动画。

④ 语言文字的组织，文字和图片或视频音乐等的采集。

⑤ 口头表达能力要求。

此项目要组织"自我介绍"专题活动。首先针对自己做一回小记者，收集自己成长过程中的点滴，用语言文字进行串联，配合相应的动画与音乐，把个性鲜明的一个"我"展示在用 PowerPoint 2003 制作的演示文稿中。其次就是配合演示文稿进行讲解，用自己的声音和制作的演示画面向同学和老师展示如此的你，让他们认识你、了解你、喜欢你。最后，也是最重要的，就是"团队精神"，以小组为单位，多人合作，取众家之长，达到最好的效果。

关键词：设计，制作，演讲。

4.2.3 项目实施

1. "自我介绍"实施的具体步骤

（1）主体设计定位

① 风格定位。根据自己的个性特征，确定主体风格。一般有青春活泼型、浪漫可爱型、高

贵气质型、深沉忧郁型、霹雳酷帅型、简单小白型、木讷笨拙型、热血刚正型、理想憧憬型、泼皮无赖型、雅痞型、绅士优雅型、书卷型等。

② 主体色彩定位。根据所定风格,选择能衬托相应自己个性风格的色彩系列。

③ 布局定位。根据拟定风格,确定演示文稿的版式布局。

④ 内容模块定位。根据拟定风格,确定能突显自己相应个性风格的内容模块。

2. 收集素材

根据前面确定的主体设计定位收集相关素材。

① 设计模板的收集。由于有的学生在美术设计和色彩搭配方面有所不足,所以可以在网上收集相关模板素材,选取可用的加以修改加工。

② 图片的收集。在演示文稿中可以插入一些能提升个性的背景图片或图形元素。采集自己成长过程中的一些能突显个性或一些关键事件的图片。

③ 文字收集和撰写。收集一些对自己身边相关地点或事物的文字,用自己的语言撰写成具有自己独特风格的"自我介绍"。

3. 演示文稿的制作

根据前面的风格定位,设计出能突显自我风格的幻灯片母版,输入相关的文字,插入相应的图片,美化各张幻灯片,加入动画设计突显主题元素。图 4 - 31～图 4 - 33 所示为几组具体的制作完成稿。

图 4 - 31 所示为实例效果图一——青春活泼型。

图 4 - 31　实例效果图一

图4-32所示为实例效果图二——理想憧憬型。

图4-32 实例效果图二

图4-33所示为实例效果图三——简单小白型。

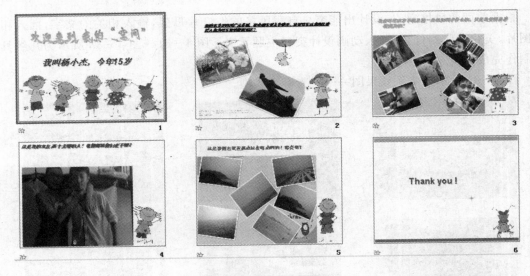

图4-33 实例效果图三

4."自我介绍"发表会的具体流程与评分细则

"自我介绍"发表会的具体流程如下:

① 将班上同学划分成若干小组,每小组选出一个小组长。

② 每位同学必须完成一篇"自我介绍"的演示文稿,突显自己的个性特征。要求必须要有图片、文字、动画、声音等元素,各元素之间搭配自然、和谐、相得益彰,充分突出主题,让同学和老师对你有个深刻的好印象。

③ 在小组长的组织下,收取小组所有成员的作品并交到老师处,招集小组成员进行小组内部选拔推选,集各成员的优势打造出两人参加班上的发布会。

④ 老师根据发表情况对该小组给出小组平均分,再根据小组各成员的相关表现以及每位成员自己的演示文稿制作在小组内把分数拉出档次,得到每位同学的最终成绩。

⑤ 本项目占平时成绩的分数为 10 分。

4.2.4　知识加油站

1. 设置幻灯片切换效果

（1）添加幻灯片切换效果

最基本的幻灯片放映方式是一张接一张地放映,但这样就显得有些单调。PowerPoint 2003 提供了多种幻灯片切换效果,从而增强了幻灯片的表现效果。其操作如下:

① 打开一个演示文稿,然后选择菜单命令【幻灯片放映】|【幻灯片切换】,此时右侧的任务窗格会显示【幻灯片切换】列表,如图 4-34 所示。

② 选择要添加切换效果的幻灯片。如果要选择多张幻灯片,可按住 Ctrl 键用鼠标逐个单击进行选择;如果要全选,则在幻灯片缩略窗口按 Ctrl＋A 组合键。

③ 从右侧的任务窗格中选择合适的切换效果,此时正中的幻灯片编辑区会显示切换效果。

（2）设置切换参数

在【幻灯片切换】对话框中可设置切换参数。切换参数主要有以下选项。

速度:设置切换效果,有【慢速】【中速】【快速】三种选项。

声音:可以为每种切换效果添加声音效果。PowerPoint 2003 内置了很多效果声音,也可以自定义声音效果。

换片方式:在默认情况下,换片方式为【单击鼠标时】;如果希望幻灯片在放映时以一定时间间隔自动进行切换,可勾选【每隔】复选框。

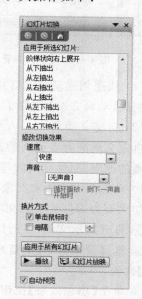

图 4-34　【幻灯片切换】列表

单击【应用于所有幻灯片】按钮,可将切换效果应用于所有幻灯片中。

2. 在幻灯片中添加多媒体对象

声音对象在演示文稿中使用频率较高,也是最常用的多媒体对象。下面主要介绍如何在演示文稿中添加影片和声音对象。

① 打开演示文稿,选择菜单命令【插入】|【影片和声音】|【文件中的声音】,此时会弹出【插入声音】对话框(如图 4-35 所示),根据自己的需要选择【自动】还是【在单击时】播放声音。

② 在插入声音后的幻灯片上会出现一个声音图标 。如果选择的是【自动】,则在放映时将自动播放声音;如果选择的是【在单击时】,则在放映时需单击此声音图标才会播放声音。

③ 还可以右击声音图标,在快捷菜单中选择【编辑声音对象】,在弹出的【声音选项】对话框中可对插入的声音设置循环播放,改变音量大小,隐藏声音图标等,如图 4-36 所示。

除了声音以外,还可以在演示文稿中添加影片和 CD 音乐之类的多媒体对象。这些在一些特殊场合中的使用频率也很高。其具体操作与插入声音类似,这里不再叙述。

3. 在幻灯片中创建动画效果

在幻灯片中还可以对幻灯片以及其中的每个元素进行动画效果的设置,这样可以提高演示文稿的趣味性,也可以突出重点、控制播放流程。

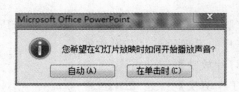

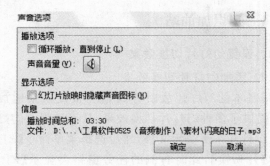

图 4-35 【插入声音】对话框   图 4-36 【声音选项】对话框

(1) 快速创建动画幻灯片

利用【动画方案】方式可以快速创建动画,这在上一个项目"会议主持"中已介绍。

(2) 自定义动画

自定义动画有着更高的自由性,并可对幻灯片中的不同元素单独进行动画定义,也可以设置动画的速度、属性和时间等参数。

1) 动态显示文本和对象

如果要为幻灯片上的文本和对象添加动画效果,具体操作如下:

① 打开演示文稿,在幻灯片中选择要设置动画的文本或对象。

② 选择菜单命令【幻灯片放映】|【自定义动画】,此时会在右侧的任务窗格中显示【自定义动画】列表。

③ 单击【添加效果】按钮,弹出相关的动画效果下拉列表,如图 4-37 所示,选择一个动画效果,例如【进入】|【菱形】效果,此时的【自定义动画】列表中会显示已添加的动画效果,添加动画效果的文本或对象也会在中间的编辑区中直接显示动画。

④ 如对自定义动画的开始、方向或速度不满意,可以在如图 4-37 所示的列表中选择。

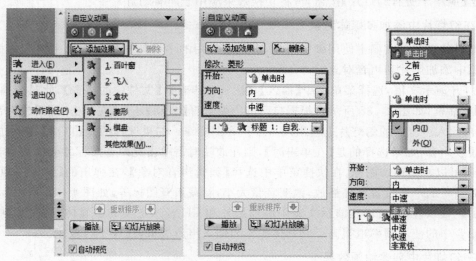

图 4-37 【自定义动画】列表

2）对自定义动画设置高级效果

在【自定义动画】列表框中，选择【菱形】效果，此时会弹出一个下拉菜单，选择下拉菜单中的【效果选项】命令（如图 4 – 38 所示），弹出【菱形】效果对话框。

如图 4 – 39 所示，【菱形】对话框中有【效果】【计时】【正文文本动画】三个选项卡，用于对自定义动画设置高级效果。

①【效果】选项卡设置：

方向：设置动画元素的动画方向从哪里开始。

声音：添加动画声音效果，下拉列表中包含了 PowerPoint 2003 的常用声音，旁边的音量图标用来设置音量大小。

动画播放后：对自定义动画播放后的设置，如动画播放后颜色变化或播放后对象隐藏等。

动画文本：如果自定义的动画元素是文本，则可以对文本中的每个字符进行动画设置；如果动画元素不是文本，则当前选项不可选。

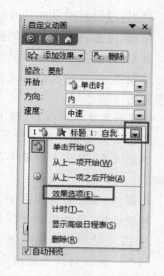

图 4 – 38　【自定义动画】列表

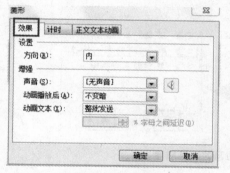

(a)【效果】选项卡

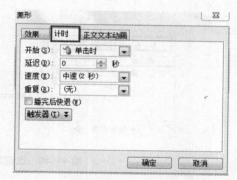

(b)【计时】选项卡

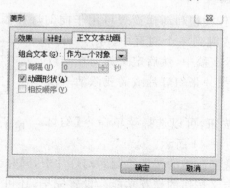

(c)【正文文本动画】选项卡

图 4 – 39　【菱形】对话框的选项卡

②【计时】选项卡设置：

开始：设置自定义动画元素的开始时间。

延迟：设置自定义动画开始播放时的延迟时间。

速度：设置自定义动画的播放速度。

重复：设置自定义动画播放后是否重复进行设置。

触发器：对自定义动画元素触发后，对其他元素的影响。例如，可以触发其他自定义动画元素开始播放。

③【正文文本动画】选项卡设置：

当自定义动画元素为文本时，这个选项才会出现。

组合文本：对文本对象中的文本进行动画设置，是作为一个对象还是以段落的方式进行动画。

每隔：如果设置为段落的方式，则设置每个段落之间的间隔时间。

相反顺序：动画的顺序以相反播放。

3）改变动画的出场顺序

当在一张幻灯片上给多个对象设置了动画效果之后，可以更改自定义动画对象的出场顺序。具体操作如图4－40所示，只需在【自定义动画】列表框中拖动自定义动画效果（或选中要改变出场顺序的自定义动画，单击【重新排序】的向上或向下箭头），就可以改变动画对象的出场顺序。

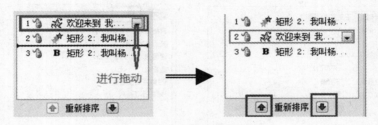

图4－40　改变动画的出场顺序

4. 创建交互式演示文稿

PowerPoint 2003的动作按钮和动作设置可用于向幻灯片添加按钮，通过单击这些按钮可以切换到任一张幻灯片或跳到一个网页中。用户可以将某个动作按钮添加到演示文稿中，然后定义如何在幻灯片放映中使用它，如链接到另一张幻灯片或需要激活一段影片、声音等。

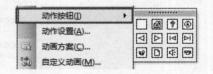

如果要创建一个动作按钮，可以选择菜单命令【幻灯片放映】|【动作按钮】，如图4－41所示。

图4－41　【动作按钮】的菜单命令

从【动作按钮】菜单中选择所需的按钮绘制到幻灯片中，同时会出现如图4－42所示的【动作设置】对话框，允许用户定义按钮的交互功能。设置完毕，还可以对动作按钮的位置和大小进行调整。

除了通过添加动作按钮进行动作设置以外，还可以对文本或其他对象进行动作设置，只要对需要添加动作的文本或其他对象右击，在弹出的快捷菜单中选择【动作设置】命令，则也会弹出【动作设置】对话框，可对其他元素进行动作设置。

5. 编辑超链接

用户可以在演示文稿中创建超链接，以便跳转到演示文稿内特定的幻灯片、另一个演示文稿、某个 Word 文档或某个 Internet 的地址。

超链接可以创建在任何文本或对象上，包括文本、图片、表格或图形。创建链接也要使用上面讲到的交互动作。

（1）创建超链接

在 PowerPoint 2003 中创建超链接的方法有多种，除用动作按钮创建外，还可以使用插入超链接的方法创建。其具体步骤如下：

① 打开一演示文稿，选择幻灯片中要作为超链接的文本或对象。

图 4-42　【动作设置】对话框

② 选择菜单命令【插入】|【超链接】，弹出如图 4-43 所示的【插入超链接】对话框。

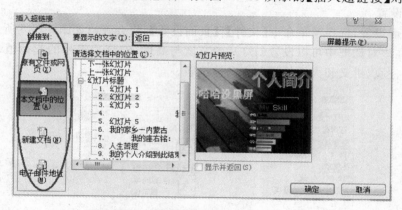

图 4-43　【插入超链接】对话框

③ 在"链接到"选项框中有 4 种链接到不同位置的方式，每种方式的具体作用表示如下：

原有文件或网页：可以链接到计算机中其他位置的文件或网页文件。

本文档中的位置：可以链接到本演示文稿中其他任意一张幻灯片中。

新建文档：可以链接打开一个新的演示文稿。

电子邮件地址：可以超链接到一个邮件地址。

（2）修改超链接

如果对超链接的目标不满意，可以在超链接上右击，选择【编辑超链接】命令，此时会弹出【编辑超链接】对话框，可以对不满意的地方进行修改。

（3）删除超链接

在超链接上右击，在弹出的菜单中选择【编辑超链接】命令，在弹出的【编辑超链接】对话框中单击【删除链接】按钮即可，如图 4-44 所示。

6. 打印演示文稿

要创建打印输出或制作 35 毫米幻灯片，首先要检查当前的页面设置。页面决定了用户创

图 4 - 44 【编辑超链接】对话框

建的幻灯片的大小和方向。在默认设置下,不管是以普通页面方式打印的幻灯片,还是以 8.5 英寸宽、11 英寸高的页面方式打印的投影仪幻灯片,都可以在幻灯片放映时正常显示。只有在需要以不常用的长或宽来打印 35 mm 幻灯片或自定义纸张时,才需要更改页面设置。

(1)页面设置

要进行页面设置,选择菜单命令【文件】|【页面设置】,将会弹出如图 4 - 45 所示的【页面设置】对话框。在该对话框中可以设置幻灯片的宽度与高度、幻灯片编号的起始值、幻灯片的打印方向以及备注页、讲义和大纲的打印方向等选项。

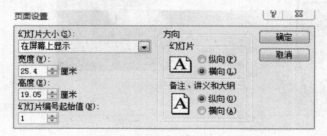

图 4 - 45 【页面设置】对话框

(2)打印幻灯片

如果要开始打印演示文稿,首先应确定要打印的演示文稿已被打开,然后选择菜单命令【文件】|【打印】,或按下 Ctrl+P 组合键,将【打印】对话框打开,如图 4 - 46 所示。

具体参数说明如下:

打印机:选择打印输出的设备或网络中共享的打印设备,如果列表中没有显示出打印设备,可单击右侧的【查找打印机】按钮进行查找。

打印范围:选择指定打印演示文稿中的全部幻灯片、当前幻灯片或选定的幻灯片。

打印内容:选择打印的内容是幻灯片、讲义、备注页还是大纲视图。

颜色/灰度:控制打印颜色,有原色、灰度、黑白三种选择。

份数:调整打印份数。

预览:在打印之前可通过预览窗口进行查看,觉得没有问题再进行打印。

属性:【属性】按钮用来控制打印的布局和纸张的质量。

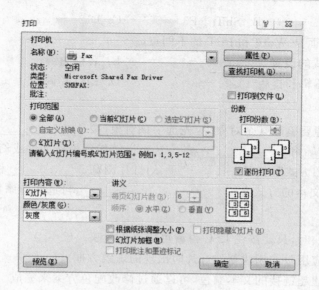

图 4-46 【打印】对话框

习题与思考题

一、选择题

1. 如果要从第 5 张幻灯片跳转到第 8 张幻灯片,需要在第 5 张幻灯片上设置(　　)。
A. 动作按钮　　　　B. 预设动画　　　　C. 幻灯片切换　　　D. 自定义动画

2. 保存 PowerPoint 演示文稿的磁盘文件扩展名一般是(　　)。
A. DOC　　　　　　B. XLS　　　　　　C. PPT　　　　　　D. TXT

3. 在 PowerPoint 中,不属于文本占位符的是(　　)。
A. 标题　　　　　　B. 副标题　　　　　C. 图表　　　　　　D. 普通文本

4. 演示文稿中的每一张演示的单页称为(　　),它是演示文稿的核心。
A. 板式　　　　　　B. 模版　　　　　　C. 母版　　　　　　D. 幻灯片

5. 演示文稿中的每一张幻灯片都是基于某种(　　)创建的,它预定义了新建幻灯片的各种占位符布局情况。
A. 版式　　　　　　B. 模版　　　　　　C. 母版　　　　　　D. 幻灯片

6. PowerPoint 的功用是(　　)。
A. 适宜制作屏幕演示文稿和制作 35 mm 幻灯片
B. 适宜制作各种文档资料
C. 适宜进行电子表格计算和框图处理
D. 适宜进行数据库处理

7. 在幻灯片设计中,(　　)不能为演示文稿统一格式。
A. 设计模板　　　　B. 配色方案　　　　C. 动画方案　　　D. 自定义动画

8. 下列视图方式中,不属于 PowerPoint 视图的是(　　)。
A. 幻灯片视图　　　B. 备注页视图　　　C. 普通视图　　　D. 页面视图

9. 按下(　　)可以从第一张幻灯片开始观看。

A. F5　　　　　　　B. Shift＋F5　　　　　C. F12　　　　　　D. Shift＋ F12

10. 下面哪个方面是 Word 和 PPT 的不同点(　　　)。

　　A. 文字格式的设置　　　　　　　　B. 表格的编辑

　　C. 图片的编辑和排版　　　　　　　D. 幻灯片调整

二、填空题

1. 在 PPT 中,想要删除某个对象,应先选中该对象,按_____键即可。

2. _____和_____的方法可以链接到另一文件或幻灯片。

3. 幻灯片的视图方式包括了_____、幻灯片浏览、_____和备注页视图。

4. PPT 中添加文本的方式有_____、_____、自选图形添加文本和艺术字。

三、判断题

1. 幻灯片在放映时,只要按住 ESC 键就可以终止放映。(　　　)

2. 占位符是指应用版式创建新幻灯片时出现的虚线方框。(　　　)

3. 要修改已创建超链接的文本颜色,可以通过修改配色方案来完成。(　　　)

4. 在 PPT 中演示文稿是以".ppt"为文件扩展名进行保存的。(　　　)

5. 使用某种模板后,演示文稿的所有幻灯片格式均相同,不能更改某张幻灯片的格式。(　　　)

6. 在 PPT 中允许在幻灯片上插入图片、声音和视频图像等多媒体信息,但是不能在幻灯片中插入 CD 音乐。(　　　)

7. 演示文稿中的每张幻灯片都有一张备注页。(　　　)

8. 在 PPT 中版式提供的正文文本往往带有项目符号,以列表的形式出现。(　　　)

四、简答题

1. 简述在 PPT 中如何添加幻灯片。

2. 简述放映幻灯片的方法。

3. PPT 的视图方式有哪些?

第 5 章　计算机网络基础

本章职业能力目标:

1. 对计算机网络有一定的了解,能正确看待计算机网络的利与弊。

2. 能利用常用网络工具软件实现 Internet 的基本应用。

3. 能熟练使用至少一种网页浏览器,能熟练进行电子邮件收发,能熟练应用至少两种搜索引擎进行网页搜索操作。

5.1　项目一　计算机网络的利与弊

计算机网络越来越多地被应用到人们学习、工作、生活的各个方面,它的好处显而易见,但同时它又是一把双刃剑,在给人们带来好处的同时也带来了烦恼、痛苦和悲伤。怎样正确认识计算机网络的利与弊是我们所面对的一个不可忽视的重要问题。因此,只有正确认识它的利与弊,才能扬长避短,让计算机网络真正为我们所用。

5.1.1　项目情境

组织"计算机网络利与弊"专题辩论赛活动。每个同学从自身角度出发写一篇题为《论计算机网络利与弊》的议论文,以小组为单位,每小组选出一个优秀者,再把他们分成两个组,分别是网络有利为"正"方,网络有弊为"反"方,其他小组成员充当智囊团,参与辩论赛。

5.1.2　项目分析

此项目覆盖的知识点主要有以下几个方面:

① 对计算机网络及其应用有一定认识。(本章重点)

② 对计算机网络相关法规有一定了解。(本章重点)

③ 掌握一定的辩论技巧,普通话达标。

要组织"计算机网络利与弊"专题活动,首先应该从专业的角度学习什么是计算机网络,它的组成、它的应用、相关的法律法规;然后结合自己平时对计算机网络的认识,检视自己以往做得是否得当,得出相应启示,再把议论文的写作知识加以巩固,掌握辩论技巧;最后,也是最重要的——团队精神,以小组为单位,多人合作,取众家之长,让同学们对网络的认识更加深刻到位,从而在以后的网络应用中保持健康的上网习惯。

关键词:计算机网络,网络应用,网络犯罪。

5.1.3　项目实施

1. 计算机网络基础知识

(1)计算机网络的定义

计算机网络(computer network)是把分布在不同地理位置的具有独立功能的多台计算

机,利用网络传输介质和网络通信设备互相连接,在网络操作系统和网络通信协议的作用下实现信息通信、资源共享的计算机系统的集合。

计算机网络是计算机技术与通信技术结合的产物。

(2)计算机网络的基本功能

计算机网络最主要的功能是资源共享和通信,除此之外还有负荷均衡、分布处理和提高系统安全与可靠性等功能。

1)软硬件共享

计算机网络允许网络上的用户共享网络上各种不同类型的硬件设备。可共享的硬件资源有高性能计算机、大容量存储器、打印机、图形设备、通信线路、通信设备等。共享硬件的好处是提高硬件资源的使用效率,节省开支。

现在,已经有许多专供网上使用的软件,如数据库管理系统、各种 Internet 信息服务软件等。共享软件允许多个用户同时使用,并能保持数据的完整性和一致性。特别是客户机/服务器(client/server,C/S)和浏览器/服务器(browser/server,B/S)模式的出现,人们可以使用客户机来访问服务器,而服务器软件是共享的。在 B/S 模式下,软件版本的升级修改,只要在服务器上进行,全网用户都可立即享用。可共享的软件种类很多,包括大型专用软件、各种网络应用软件、各种信息服务软件等。

2)信息共享

信息也是一种资源。Internet 就是一个巨大的信息资源宝库,其上有极为丰富的信息。它就像是一个信息的海洋,有取之不尽,用之不竭的信息与数据。每一个接入 Internet 的用户都可以共享这些信息资源。可共享的信息资源有:搜索与查询的信息,Web 服务器上的主页及各种链接,FTP 服务器中的软件,各种各样的电子出版物,网上消息、报告和广告,网上大学,网上图书馆,等等。

3)通信

通信是计算机网络的基本功能之一,它可以为网络用户提供强有力的通信手段。建设计算机网络的主要目的就是让分布在不同地理位置的计算机用户能够相互通信、交流信息。计算机网络可以传输数据以及声音、图像、视频等多媒体信息。利用网络的通信功能,可以发送电子邮件、打电话、在网上举行视频会议等。

4)负荷均衡与分布处理

负荷均衡是指将网络中的工作负荷均匀地分配给网络中的各计算机系统。当网络上某台主机的负载过重时,通过网络和一些应用程序的控制与管理,可以将任务交给网络上其他的计算机去处理,充分发挥网络系统上各主机的作用。分布处理将一个作业的处理分为三个阶段:提供作业文件;对作业进行加工处理;把处理结果输出。在单机环境下,上述三步都在本地计算机系统中进行。在网络环境下,根据分布处理的需求,可将作业分配给其他计算机系统进行处理,以提高系统的处理能力,高效地完成一些大型应用系统的程序计算以及大型数据库的访问等。

5)系统的安全与可靠性

系统的可靠性对于军事、金融和工业过程控制等部门的应用特别重要。计算机通过网络中的冗余部件可大大提高可靠性。例如在工作过程中,一台机器出了故障,可以使用网络中的另一台机器。又如,网络中一条通信线路出了故障,可以使用另一条线路,从而提高了网络整体系统的可靠性。

（3）计算机网络的基本应用

随着现代信息社会进程的推进，通信和计算机技术的迅猛发展，计算机网络的应用也越来越普及，它几乎深入到社会的各个领域。Internet 是世界上最大的计算机网络，是一条贯穿全球的"信息高速公路主干道"。

1）在教育和科研中的应用

通过全球计算机网络，科技人员可以在网上查询各种文件和资料，可以互相交流学术思想和交换实验资料，甚至可以在计算机网络上进行国际合作研究项目。在教育方面可以开设网上学校，实现远程授课，学生可以在家里或其他可以将计算机接入计算机网络的地方利用多媒体交互功能听课，有什么不懂的问题可以随时提问和讨论。学生可以从网上获得学习参考资料，并且可通过网络交付作业和参加考试。图 5-1 所示为视频教程网。图 5-2 所示为我要自学网。

图 5-1　视频教程网

2）在办公中的应用

计算机网络可以使单位内部实现办公自动化，实现软、硬件资源共享。如果将单位内部网络接入 Internet，还可以实现异地办公。例如，通过 WWW 或电子邮件，公司可以很方便地与分布在不同地区的子公司或其他业务单位建立联系，及时地交换信息。在外的员工通过网络还可以与公司保持通信，得到公司的指示和帮助。企业可以通过 Internet，搜集市场信息并发布企业产品信息。图 5-3 所示为企业协同办公自动化（OA）系统。

3）在商业上的应用

随着计算机网络的广泛应用，电子数据交换（electronic data interchange，EDI）已成为国际贸易往来的一个重要手段。它以一种被认可的数据格式，使分布在全球各地的贸易伙伴可

图 5-2 我要自学网

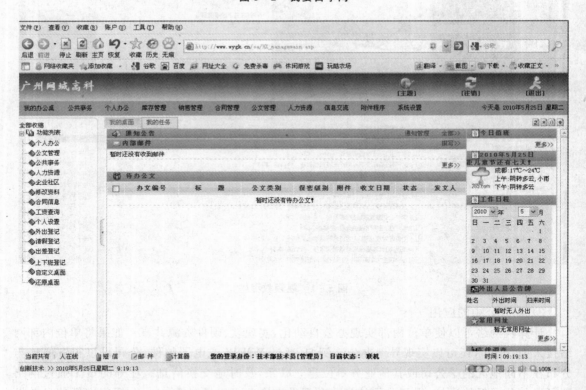

图 5-3 企业协同办公自动化系统

以通过计算机传输各种贸易单据,代替了传统的贸易单据,节省了大量的人力和物力,提高了效率。通过网络(如登录 www.jd.com)可以实现网上购物和网上支付。图 5-4 所示为京东商城网页。

图 5-4 京东商城网页

4）在通信、娱乐方面的应用

20 世纪个人之间通信的基本工具是电话,21 世纪个人之间通信的基本工具是计算机网络。目前,计算机网络所提供的通信服务包括电子邮件、网络寻呼与聊天、BBS、网络新闻和 IP 电话等。目前,电子邮件已被广泛应用。Internet 上存在着很多的新闻组。参加新闻组的人可以在网上对某个感兴趣的问题进行讨论,或是阅读有关这方面的资料。这是计算机网络应用中很受欢迎的一种通信方式。网络寻呼不但可以实现在网络上进行寻呼的功能,还可以在网友之间进行网络聊天和文件传输等。IP 电话也是基于计算机网络的一类典型的个人通信服务。

家庭娱乐正在对信息服务业产生着巨大的影响。它可以让人们在家里点播电影和电视节目。新的电影可能成为交互式的,观众在看电影时可以不时参与到电影情节中去。家庭电视也可以成为交互形式的,观众可以参与到猜谜等活动之中。家庭娱乐中最重要的应用可能是在游戏方面。目前,已经有很多人喜欢上多人实时仿真游戏。如果使用虚拟现实的头盔和三维、实时、高清晰度的图像,就可以共享虚拟现实的很多游戏和进行多种训练。

随着网络技术的发展和各种网络应用的需求增加,计算机网络应用的范围在不断扩大,应用领域越来越宽,越来越深入,许多新的计算机网络应用系统不断地被开发出来,如工业自动控制、辅助决策、虚拟大学、远程教学、远程医疗、管理信息系统、数字图书馆、电子博物馆、全球情报检索与信息查询、网上购物、电子商务、电视会议、视频点播等。

（4）计算机网络的基本组成

计算机网络是一个非常复杂的系统。网络的组成根据应用范围、目的、规模、结构以及采用的技术不同而不尽相同,但计算机网络都必须包括硬件和软件两大部分。网络硬件提供的是数据处理、数据传输和建立通信通道的物质基础;而网络软件是真正控制数据通信的。软件的各种网络功能需依赖于硬件去完成,二者缺一不可。计算机网络的基本组成主要包括计算机网络硬件、计算机网络软件和计算机网络用户这三部分,通常称其为计算机网络的三要素。

1）计算机网络硬件

① 计算机系统。建立两台以上具有独立功能的计算机系统是计算机网络的第一个要素。计算机系统是计算机网络的重要组成部分，是计算机网络不可缺少的硬件元素。计算机网络所连接的计算机可以是巨型机、大型机、小型机、工作站或微机，以及笔记本电脑或其他数据终端设备（如终端服务器）。计算机系统是网络的基本模块，是被连接的对象。它的主要作用是负责数据信息的收集、处理、存储、传播和提供共享资源。在网络上可共享的资源包括硬件资源（如巨型计算机、高性能外围设备、大容量磁盘等）、软件资源（如各种软件系统、应用程序、数据库系统等）和信息资源。

② 通信线路和通信设备。计算机网络的硬件部分除了计算机本身以外，还要有用于连接这些计算机的通信线路和通信设备，即数据通信系统。通信线路分有线通信线路和无线通信线路。有线通信线路是指传输介质及其介质连接部件，包括光纤、同轴电缆、双绞线等；无线通信线路是指以无线电、微波、红外线和激光等作为通信线路。通信设备指网络连接设备、网络互连设备，包括网卡、集线器（hub）、中继器（repeater）、交换机（switch）、网桥（bridge）和路由器（router）以及调制解调器（modem）等其他的通信设备。使用通信线路和通信设备将计算机互连起来，在计算机之间建立一条物理通道，以传输数据。通信线路和通信设备负责控制数据的发出、传送、接收或转发，包括信号转换、路径选择、编码与解码、差错校验、通信控制管理等，以完成信息交换。通信线路和通信设备是连接计算机系统的桥梁，是数据传输的通道。

2）计算机网络软件

① 网络协议。协议是指通信双方必须共同遵守的约定和通信规则，如 TCP/IP、NetBEUI 协议、IPX/SPX 协议。它是通信双方关于通信如何进行所达成的协议。比如，用什么样的格式表达、组织和传输数据，如何校验和纠正信息传输中的错误，以及传输信息的时序组织与控制机制等。现代网络都是层次结构，协议规定了分层原则、层次间的关系、执行信息传递过程的方向、分解与重组等约定。在网络上通信的双方必须遵守相同的协议，才能正确地交流信息，就像人们谈话要用同一种语言一样，如果谈话时使用不同的语言，就会造成相互间谁都听不懂谁在说什么的问题，那么将无法进行交流。因此，协议在计算机网络中是至关重要的。一般说来，协议的实现是由软件和硬件分别或配合完成的，有的部分由连网设备来承担。

② 网络软件。网络软件是一种在网络环境下使用和运行或者控制和管理网络工作的计算机软件。根据软件的功能，计算机网络软件可分为网络系统软件和网络应用软件两大类型。

网络系统软件是控制和管理网络运行、提供网络通信、分配和管理共享资源的网络软件。它包括网络操作系统、网络协议软件、通信控制软件和管理软件等。

网络操作系统（network operating system，NOS）：是指能够对局域网范围内的资源进行统一调度和管理的程序。它是计算机网络软件的核心程序，是网络软件系统的基础。

网络协议软件（如 TCP/IP）：是实现各种网络协议的软件。它是网络软件中最重要的核心部分，任何网络软件都要通过协议软件才能发生作用。

网络应用软件是指为某一个应用目的而开发的网络软件（如远程教学软件、电子图书馆软件、Internet 信息服务软件等）。网络应用软件为用户提供访问网络的手段、网络服务、资源共享和信息的传输。

3）计算机网络用户

用户是网络中区分身份的一种标志，如 QQ 号、电子邮件账户等。通常，只有作为网络的有效用户,才能有权访问网络,才能使用网络提供的服务。一般需要网络分配给用户一个用户名、密码和相应的权限,这个用户名上加上密码就成为网络用户。图 5 - 5 所示为 Windows 2003 Server 网络用户的设置环境。

计算机网络用户有一般用户和默认用户两种。

① 一般用户。一般用户满足的公式为:网络用户＝用户名＋密码＋权限。

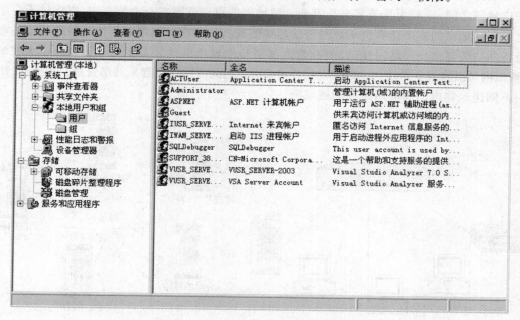

图 5 - 5　Windows 2003 Server 网络用户的设置环境

② 默认用户。一般网络操作系统都支持两个默认网络用户 Administrator 和 Guest。其中,Administrator 是权限最大的网络用户,可以管理计算机的各种任务,如创建和修改组,创建和修改用户,创建打印机,管理安全策略;Guest 一般称为宾客用户或临时网络用户,可以临时登录以访问网络资源,默认情况下是被禁止使用的——网络对其权限一般有很大的限制。

注意:由于用户名是默认的,因此就给黑客等恶意攻击者带来了机会,管理网络的人员应该做好如下防范:

① 修改用户名,建立无权限的假默认网络用户。

② 保证密码的安全性。

(5)计算机网络的分类

到目前为止,计算机网络还没有一种被普遍认同的分类方法,但按网络覆盖的地理范围分类和按传输技术分类是其中最重要的分类方法。

按照网络覆盖的地理范围的大小,可以将网络分为局域网、城域网和广域网三种类型。这也是网络最常用的分类方法。

1)局域网

局域网(local area network,LAN)是将较小地理区域内的计算机或数据终端设备连接在一起的通信网络。局域网覆盖的地理范围比较小,一般在几十米到几千米之间。它常用于组建一个办公室、一栋楼、一个楼群、一个校园或一个企业的计算机网络。局域网可以由一个建筑物内或相邻建筑物的几百台至上千台计算机组成,也可以小到连接一个房间内的几台计算机、打印机和其他设备。局域网主要用于实现短距离的资源共享。图5-6所示是一个由几台计算机和打印机组成的典型局域网。

2) 城域网

城域网(metropolitan area network,MAN)是一种大型的LAN,它的覆盖范围介于局域网和广域网之间,一般为几千米至几万米。城域网的覆盖范围在一个城市内,它将位于一个城市之内不同地点的多个计算机局域网连接起来实现资源共享。城域网所使用的通信设备和网络设备的功能要求比局域网高,以便有效地覆盖整个城市的地理范围。一般在一个大型城市中,城域网可以将多个学校、企事业单位、公司和医院的局域网连接起来共享资源。图5-7所示是由不同建筑物内的局域网组成的城域网。

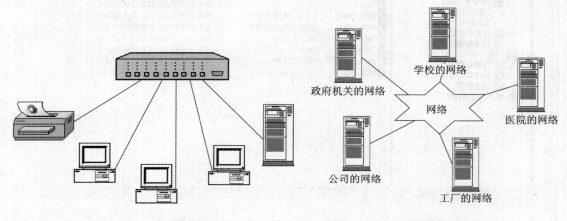

图5-6 局域网示例　　　　　　　　　　图5-7 城域网示例

3) 广域网

广域网(wide area network,WAN)是在一个广阔的地理区域内进行数据、语音、图像信息传输的计算机网络。由于远距离数据传输的带宽有限,因此广域网的数据传输速率比局域网要慢得多。广域网可以覆盖一个城市、一个国家甚至于全球。因特网(Internet)是广域网的一种,但它不是一种具体独立性的网络,它将同类或不同类的物理网络(局域网、广域网与城域网)互联,并通过高层协议实现不同类网络间的通信。图5-8所示是一个简单的广域网。

除此之外,计算机还有按传输介质分类,可分为有线传输网络与无线传输网络。有线传输介质主要有双绞线、同轴电缆与光纤;无线传输介质主要有无线电传输、地面微波通信(如卫星通信)、红外线和激光通信等。

按所使用的传输技术,可以将网络分为广播式网络和点对点网络。

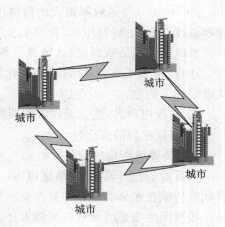

图5-8 广域网示例

2. 计算机网络给人们带来的利与弊

（1）计算机网络给人们带来的好处

1）体验数据共享

首先举一个例子。如图 5-9 所示的中国气象科学数据共享服务网（http://cdc.cma.gov.cn/）是全国气象数据中心。根据不同用户的需求，该网站向国内外提供各类气象数据及其产品的共享服务。使用网络的全国各地的用户每天可以通过这个网站提供的共享数据进行气象分析，十分方便。

图 5-9　中国气象科学数据共享服务网

从这个实例可以看出，数据共享实际上是利用网络这个信息传播载体，将数据集中存放，改变原有的数据传播方式，随时随地根据不同用户的不同需求而进行的一项数据复制过程。

目前，我国已经建立的数据共享中心还有测绘科学数据共享服务网、地球系统科学数据共享网、国土资源科学数据共享中心、国家地震科学数据共享中心、海洋科学数据共享网站、临床科学数据共享网、暴雨洪涝数据共享网、中国生态系统研究网络数据共享系统、中国卫生科学数据中心，国家农业科学数据共享中心、水利科学数据共享中心等几十个数据共享平台，极大地方便和丰富了科学数据的采集、研究，更好地服务于科研和国民经济的各个领域。

2）资源共享容易

资源共享是计算机网络给人们所带来的最大好处，最简单的例子是使用一些可共享的设备，如绘图仪、打印机等。网络共享打印机可使多台计算机更快、更好地获得共享资源。

3）通信变得简单

有了网络以后，人们的通信方式变得更简单。电子邮件、QQ 聊天通信程序等极大地缩短了世界各地人们的联系渠道，降低了通信费用。

4）娱乐空间多样

娱乐空间的多样性是网络给人们带来的最大好处。目前，通过网络进行各种娱乐的人占据了相当比例,其中的两大娱乐项目为聊天和游戏。

5）数据更安全

由于有了网络,数据的存储显得更加安全了。比如,文件或照片等珍贵资料,除了在家中保存一份,还可以利用网络存储,即使是家中的资料丢失了,也可以在网络上找回来。

当然,网络的数据安全应该主要依靠网络数据的集中式管理和一些安全手段来保证,比如防火墙、安全软件、好的数据存储系统和网络权限的控制使用等。

6）成本降低

成本降低,首先体现在一些国内用户利用网络电话跟国外朋友、亲戚和客户联系的费用上,效果最明显。网络电话就是通过互联网进行通话,除了上网费以外再没有其他费用,这就是网络电话费用低的根本原因。

其次,电子邮件成本如同网络电话,一封电子邮件除了上网费用以外,没有其他费用,而且邮件内容可以图文并茂。

成本降低的影响是广泛的,应该说各行各业都在享用着网络所带来的好处。

（2）计算机网络给人们带来的坏处及警示

网络越来越多地被应用到人们学习、工作、生活的各个方面,它的好处显而易见,但同时它又是一把双刃剑,给人们带来好处的同时也带来了烦恼、痛苦和悲伤。

比如,菜刀在厨师的手里可以做出美味佳肴,在罪犯的手里就是凶器,问题不在菜刀,而是在拿刀的人。同样的道理,网络所带来的问题不在网络本身,而是在使用者的身上。所以,大家必须拥有正确的网络观,并正确地使用和利用网络。

1）了解网络的负面影响。

① 沉迷网络:沉迷网络使人耽误学习,影响生活。

② 破坏网络:黑客破坏网络,利用网络传播病毒。

③ 网络犯罪:网络诈骗致使犯罪。

2）警示

① 遵守国家相关的法律法规。（见本章"知识加油站"中《中华人民共和国计算机信息系统安全保护条例》）

② 遵守网络道德规范。

③ 时刻警惕,避免网络陷阱。

④ 明白网络只是工具,不可以替代人的生活,不要花过多的时间在网络上,如网络游戏、聊天、交友等。

⑤ 对于没有能力鉴别网络好坏的群体,要进行引导性网络活动,不可以让其接触或过多时间接触某些不适合的信息。

3. "计算机网络的利与弊"发表会的具体流程与评分细则

"计算机网络的利与弊"发表会的具体流程如下:

① 班上同学划分成若干小组,每小组选出一个小组长。

② 每位同学必须完成一篇主题为《从自身角度出发正确认识网络的利与弊》的议论文,1000 字左右。

③ 在小组长的组织下,每小组选出一名优秀者参与辩论赛,用抽签方式决定正反方,确定正反方后其他小组成员成为相应方的智囊团,开始辩论。老师根据辩论情况对辩论胜负方各

给出一个平均分,再根据辩论中各位参赛同学的情况给出参赛人员的得分。各参赛成员的得分即为该小组同学的平均分,再根据小组各成员的论文及辩论时的参与度,在小组内把分数拉出档次,最后得到每位同学的成绩。

④ 本项目占平时成绩的分数为 8 分。

5.1.4 知识加油站

1. 计算机互联网络

随着广域网与局域网的发展以及微型计算机的广泛应用,使用大型机与中型机的主机——终端系统的用户减少,网络结构发生了巨大的变化。大量的微型计算机通过局域网接入广域网,而局域网与广域网、广域网与广域网的互连是通过路由器实现的。用户计算机需要通过校园网、企业网或 Internet 服务提供商(internet services provider,ISP)接入地区主干网,地区主干网通过国家主干网联入国家间的高速主干网,这样就形成了一种由路由器互连的大型、层次结构的现代计算机网络,即互联网络,它是第三代计算机网络,是第二代计算机网络的延伸。图 5-10 给出了计算机互联网络的简化结构示意图。

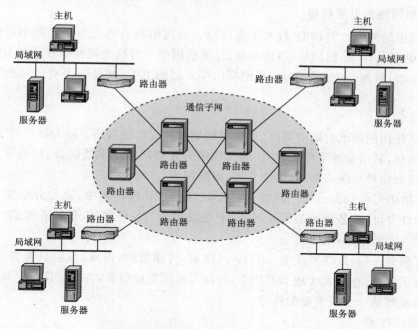

图 5-10 计算机互联网络结构示意图

2. 高速互联网络

进入 20 世纪 90 年代,随着计算机网络技术的迅猛发展,特别是 1993 年美国宣布建立国家信息基础设施(national information infrastructure,NII)后,全世界许多国家都纷纷制定和建立本国的 NII,从而极大地推动了计算机网络技术的发展,使计算机网络的发展进入一个崭新的阶段,这就是第四代计算机网络,即高速互联网络阶段。

通常意义上的计算机互联网络是通过数据通信网络实现数据的通信和共享的,此时的计算机网络,基本上以电信网作为信息的载体,即计算机通过电信网络中的 X.25 网、DDN 网、帧中继网等传输信息。

随着 Internet 的迅猛发展,人们对远程教学、远程医疗、视频会议等多媒体应用的需求大幅度增加。这样,以传统电信网络为信息载体的计算机互联网络不能满足人们对网络速度的要求,促使网络由低速向高速、由共享到交换、由窄带向宽带方向迅速发展,即由传统的计算机互联网络向高速互联网络发展。

如今,以 IP 技术为核心的计算机网络(信息网络,也称高速互联网络)将成为网络(计算机网络和电信网络)的主体,信息传输、数据传输将成为网络的主要业务,一些传统的电信业务也将在信息网络上开通,但其业务量只占信息业务的很小一部分。

目前,全球以 Internet 为核心的高速计算机互联网络已形成,Internet 已经成为人类最重要的、最大的知识宝库。与第三代计算机网络相比,第四代计算机网络的特点是网络的高速化和业务的综合化。网络高速化可以有两个特征:网络宽频带和传输低时延。使用光纤等高速传输介质和高速网络技术,可实现网络的高速率;快速交换技术可保证传输的低时延。网络业务综合化是指一个网中综合了多种媒体(如语音、视频、图像和数据等)的信息。业务综合化的实现依赖于多媒体技术。

3. 计算机网络的发展趋势

计算机网络的发展方向是 IP 技术＋光网络。光网络将会演进为全光网络。从网络的服务层面上看,将是一个 IP 的世界,通信网络、计算机网络和有线电视网络将通过 IP 三网合一;从传送层面上看,将是一个光的世界;从网络的接入层面上看,将是一个有线和无线的多元化世界。

（1）三网合一

目前广泛使用的网络有通信网络、计算机网络和有线电视网络。随着技术的不断发展,新的业务不断出现,新旧业务不断融合,作为其载体的各类网络也不断融合,使目前广泛使用的三类网络正逐渐向单一统一的 IP 网络发展,即所谓的"三网合一"。

在 IP 网络中可将数据、语音、图像、视频均归结到 IP 数据包中,通过分组交换和路由技术,采用全球性寻址,使各种网络无缝连接,IP 协议将成为各种网络、各种业务的"共同语言",实现所谓的 Everything over IP。

实现"三网合一"并最终形成统一的 IP 网络后,传递数据、语音、视频只需要建造、维护一个网络,简化了管理,也会大大地节省开支,同时可提供集成服务,方便了用户。可以说,"三网合一"是网络发展的一个最重要的趋势。

（2）光通信技术

光通信技术已有 30 年的历史。随着光器件、各种光复用技术和光网络协议的发展,光传输系统的容量已从 Mb/s 级发展到 Tb/s 级,提高了近 100 万倍。

光通信技术的发展主要有两个大的方向:一个是主干传输向高速率、大容量的 OTN 光传送网发展,最终实现全光网络;另一个是接入向低成本、综合接入、宽带化光纤接入网发展,最终实现光纤到家庭和光纤到桌面。全光网络是指光信息流在网络中的传输及交换始终以光的形式实现,不再需要经过光-电、电-光变换,即信息从源节点到目的节点的传输过程中始终在光域内。

（3）IPv6 协议

TCP/IP 协议族是互联网的基石之一，而 IP 是 TCP/IP 协议族的核心协议，是 TCP/IP 协议族中网络层的协议。目前，IP 的版本为 IPv4。IPv4 的地址位数为 32 位，即理论上约有 42 亿个地址。随着 Internet 应用的日益广泛和网络技术的不断发展，IPv4 的问题逐渐显露出来，主要有地址资源枯竭、路由表急剧膨胀、对网络安全和多媒体应用的支持不够等。

IPv6 是下一版本的 IP，也可以说是下一代 IP。IPv6 采用 128 位地址长度，几乎可以不受限制地提供地址。理论上约有 3.4×10^{38} 个 IP 地址，而地球的表面积以厘米为单位也仅有 5.1×10^{18} cm^2，即使按保守方法估算 IPv6 实际可分配的地址，每平方厘米面积上也可分配到若干亿个 IP 地址。IPv6 除一劳永逸地解决了地址短缺问题外，同时也解决了 IPv4 中的其他缺陷，主要有端到端 IP 连接、服务质量（QoS）、安全性、多播、移动性、即插即用等。

IPv6 的优势非常明显，几年前就有很多 IPv6 实验网出现。目前有很多公司已经宣布支持 IPv6，我国第一个 IPv6 试验网也于 2004 年 12 月开通。IPv6 的时代即将到来。

（4）宽带接入技术

计算机网络必须要有宽带接入技术的支持，各种宽带服务与应用才有可能开展。因为只有接入网的带宽瓶颈问题被解决，骨干网和城域网的容量潜力才能真正发挥。尽管当前宽带接入技术有很多种，但只要是不和光纤或光结合的技术，就很难在下一代网络中应用。目前光纤到户（Fiber To The Home，FTTH）的成本已下降至可以为用户接受的程度。这里涉及两个新技术，一个是基于以太网的无源光网络（Ethernet Passive Optical Network，EPON）的光纤到户技术；另一个是自由空间光系统（Free Space Optical，FSO）。

由 EPON 支持的光纤到户，正在异军突起，它能支持吉比特/秒的数据传输速率，并且不久的将来成本会降到与数字用户线路（Digital Subscriber Line，DSL）和光纤同轴电缆混合网（Hybrid Fiber Cable，HFC）相同的水平。

FSO 技术是通过大气而不是光纤传送光信号，它是光纤通信与无线电通信的结合。FSO 技术能提供接近光纤通信的速率，可达到 1Gb/s。它既在无线接入带宽上有了明显的突破，又不需要在稀有资源无线电频率上有很大的投资，因为不要许可证。FSO 和光纤线路比较，系统不仅安装简便，时间少很多，而且成本也低很多。FSO 现已在企业和居民区得到应用，但是和固定无线接入一样，易受环境因素干扰。

注意：FTTH 就是光纤到户，从电信公司至用户家里，全程都是光缆。由于中间减少了其他环节，使得带宽大大增加。2012 年电信用户在具备条件区域，可免费改为光纤接入，目前已有大部分电信用户免费享受此优惠政策。

FTTH 的优势：

① FTTH 具有高带宽优势，能够满足家庭 ITV、视频监控、通话、环境监控等多方面需求，户内有了光缆，今后都不需要重新布线。

② 光缆接到宽带网关设备，从网关设备到各个信息点为五类线，一点管理，方便快捷。

③ FTTH 到家了，上网带宽能够达到最大，可以保证 10Mb/s、100Mb/s 甚至更大，不管是下载电影，还是上传邮件，都比以前快。

④ 光缆到家，网络节点少，障碍少多了。

（5）移动通信系统技术

3G 系统比现用的 2G 和 2.5G 系统传输容量更大，灵活性更高。它以多媒体业务为基础，已形成很多的标准,并将引入新的商业模式。3G 以上包括后 3G、4G,乃至 5G 系统,它们将更是以宽带多媒体业务为基础,使用更高更宽的频带,传输容量会更上一层楼。它们可在不同的网络间无缝连接,提供满意的服务;同时网络可以自行组织,终端可以重新配置和随身携带,是一个包括卫星通信在内的端到端的 IP 系统,可与其他技术共享一个 IP 核心网。它们都是构成下一代移动互联网的基础设施。

4.《中华人民共和国计算机信息系统安全保护条例》细则

中华人民共和国国务院令第 147 号发布《中华人民共和国计算机信息系统安全保护条例》,自发布之日起施行。

总理　李鹏

1994 年 2 月 18 日

第一章　总则

第一条　为了保护计算机信息系统的安全,促进计算机的应用和发展,保障社会主义现代化建设的顺利进行,制定本条例。

第二条　本条例所称的计算机信息系统,是指由计算机及其相关的和配套的设备、设施(含网络)构成的,按照一定的应用目标和规则对信息进行采集、加工、存储、传输、检索等处理的人机系统。

第三条　计算机信息系统的安全保护,应当保障计算机及其相关的和配套的设备、设施(含网络)的安全,运行环境的安全,保障信息的安全,保障计算机功能的正常发挥,以维护计算机信息系统的安全运行。

第四条　计算机信息系统的安全保护工作,重点维护国家事务、经济建设、国防建设、尖端科学技术等重要领域的计算机信息系统的安全。

第五条　中华人民共和国境内的计算机信息系统的安全保护,适用本条例。

未联网的微型计算机的安全保护办法,另行制定。

第六条　公安部主管全国计算机信息系统安全保护工作。

国家安全部、国家保密局和国务院其他有关部门,在国务院规定的职责范围内做好计算机信息系统安全保护的有关工作。

第七条　任何组织或者个人,不得利用计算机信息系统从事危害国家利益、集体利益和公民合法利益的活动,不得危害计算机信息系统的安全。

第二章　安全保护制度

第八条　计算机信息系统的建设和应用,应当遵守法律、行政法规和国家其他有关规定。

第九条　计算机信息系统实行安全等级保护。安全等级的划分标准和安全等级保护的具体办法,由公安部会同有关部门制定。

第十条　计算机机房应当符合国家标准和国家有关规定。在计算机机房附近施工,不得危害计算机信息系统的安全。

第十一条　进行国际联网的计算机信息系统,由计算机信息系统的使用单位报省级以上人民政府公安机关备案。

第十二条　运输、携带、邮寄计算机信息媒体进出境的,应当如实向海关申报。

第十三条　计算机信息系统的使用单位应当建立健全安全管理制度,负责本单位计算机信息系统的安全保护工作。

第十四条　对计算机信息系统中发生的案件,有关使用单位应当在 24 小时内向当地县级以上人民政府公安机关报告。

第十五条　对计算机病毒和危害社会公共安全的其他有害数据的防治研究工作,由公安部归口管理。

第十六条　国家对计算机信息系统安全专用产品的销售实行许可证制度。具体办法由公安部会同有关部门制定。

第三章　安全监督

第十七条　公安机关对计算机信息系统安全保护工作行使下列监督职权:

(一)监督、检查、指导计算机信息系统安全保护工作;

(二)查处危害计算机信息系统安全的违法犯罪案件;

(三)履行计算机信息系统安全保护工作的其他监督职责。

第十八条　公安机关发现影响计算机信息系统安全的隐患时,应当及时通知使用单位采取安全保护措施。

第十九条　公安部在紧急情况下,可以就涉及计算机信息系统安全的特定事项发布专项通令。

第四章　法律责任

第二十条　违反本条例的规定,有下列行为之一的,由公安机关处以警告或者停机整顿:

(一)违反计算机信息系统安全等级保护制度,危害计算机信息系统安全的;

(二)违反计算机信息系统国际联网备案制度的;

(三)不按照规定时间报告计算机信息系统中发生的案件的;

(四)接到公安机关要求改进安全状况的通知后,在限期内拒不改进的;

(五)有危害计算机信息系统安全的其他行为的。

第二十一条　计算机机房不符合国家标准和国家其他有关规定的,或者在计算机机房附近施工危害计算机信息系统安全的,由公安机关会同有关单位进行处理。

第二十二条　运输、携带、邮寄计算机信息媒体进出境,不如实向海关申报的,由海关依照《中华人民共和国海关法》和本条例以及其他有关法律、法规的规定处理。

第二十三条　故意输入计算机病毒以及其他有害数据危害计算机信息系统安全的,或者未经许可出售计算机信息系统安全专用产品的,由公安机关处以警告或者对个人处以 5000 元以下的罚款、对单位处以 15000 元以下的罚款;有违法所得的,除予以没收外,可以处以违法所得 1 至 3 倍的罚款。

第二十四条　违反本条例的规定,构成违反治安管理行为的,依照《中华人民共和国治安管理处罚法》的有关规定处罚;构成犯罪的,依法追究刑事责任。

第二十五条　任何组织或者个人违反本条例的规定,给国家、集体或者他人财产造成损失的,应当依法承担民事责任。

第二十六条　当事人对公安机关依照本条例所作出的具体行政行为不服的,可以依法申请行政复议或者提起行政诉讼。

第二十七条　执行本条例的国家公务员利用职权,索取、收受贿赂或者有其他违法、失职行为,构成犯罪的,依法追究刑事责任;尚不构成犯罪的,给予行政处分。

第五章　附则

第二十八条　本条例下列用语的含义：

计算机病毒,是指编制或者在计算机程序中插入的破坏计算机功能或者毁坏数据,影响计算机使用,并能自我复制的一组计算机指令或者程序代码。

计算机信息系统安全专用产品,是指用于保护计算机信息系统安全的专用硬件和软件产品。

第二十九条　军队的计算机信息系统安全保护工作,按照军队的有关法规执行。

第三十条　公安部可以根据本条例制定实施办法。

第三十一条　本条例自发布之日起施行。

(1994 年 2 月 18 日公布)

5.1.5　触类旁通

1. 计算机网络安全常用术语解析

（1）计算机病毒

计算机病毒本身也是一种程序,它的目的是将恶意代码添加到某一程序以感染其中的文件。病毒程序也可旨在损坏文件和数据。病毒的传播主要是通过用户从网上下载并安装危险程序,还可通过邮件、MSN、ICQ 等其他在线聊天工具加以传播。请安装最新的反病毒软件以防范病毒。

（2）木马

木马也是一种程序。它们看似正常,实则恶意损害用户的电脑,包括盗窃用户的个人信息、删除信息、损坏数据等恶作剧。木马的传播途径有：用户自身安装木马程序、用户单击带有木马程序的邮件附件以及从网上下载木马程序等。

（3）恶意软件及其特征

恶意软件是指在未明确提示用户或未经用户许可的情况下,在用户电脑或其他终端上安装运行侵害用户合法权益的软件,但不包含中国法律法规规定的电脑病毒。

恶意软件具有如下特征：

强制安装：指未明确提示用户或未经用户许可,在用户电脑或其他终端上安装软件的行为。

难以卸载：指未提供通用的卸载方式,或在不受其他软件影响、人为破坏的情况下,卸载后仍然有活动程序的行为。

浏览器劫持：指未经用户许可,修改用户浏览器或其他相关设置,迫使用户访问特定网站或导致用户无法正常上网的行为。

广告弹出：指未明确提示用户或未经用户许可,利用安装在用户电脑或其他终端上的软件弹出广告的行为。

恶意收集用户信息：指未明确提示用户或未经用户许可,恶意收集用户信息的行为。

恶意卸载：指未明确提示用户、未经用户许可,或误导、欺骗用户卸载其他软件的行为。

恶意捆绑：指在软件中捆绑已被认定为恶意软件的行为。

其他侵害用户软件安装、使用和卸载知情权、选择权的恶意行为。

（4）系统漏洞

系统漏洞可以是软件或硬件在设计上的缺陷。系统漏洞修补功能可以全面扫描电脑中可能存在的系统漏洞,并提供该漏洞及补丁的详细信息,引导用户进行修复操作。

　　(5)反病毒软件

　　反病毒软件是检测、防御并清除病毒和恶意软件的一款程序。安装反病毒软件不仅能保护用户的电脑不受病毒的侵袭,而且还有助于遏制恶意软件的传播。

　　(6)病毒特征库

　　病毒特征库的工作原理是检查计算机内存和文件,并将它们和已知的病毒"签名库"做对比,检查是否匹配。病毒特征库需要即时更新才能查杀相应病毒。

　　(7)病毒处理中的删除、清除、隔离的区别

　　删除就是将带毒的文件从电脑上删掉。

　　清除是将病毒从带毒的文件中除掉,文件依然存在。

　　隔离是将带毒的文件移到一个特定的地方,不让它继续运行。

　　(8)防火墙软件

　　防火墙软件坐阵于用户的电脑和互联网之间,有助于识别并筛选出黑客、病毒和其他企图通过互联网进入用户电脑的恶意攻击。

2. 杀毒软件介绍

　　本书以金山悟空 2013 为例简单介绍杀毒软件。

　　金山悟空 2013 下载保护全面支持 64 位系统下局域网复制、U 盘复制和 IE 浏览器下载。防黑墙、边界防御、K＋铠甲防御、手机杀毒、网购安全专门推出敢赔模式功能,异常火热。

　　在病毒查杀方面,该软件采用的是自主研发的蓝芯引擎以及 30 核的云引擎,支持全盘查杀、自定义查杀以及一键云查杀。云查杀可根据系统状况自动扩展需查杀的位置,如图 5－11 所示为电脑、手机查杀。

图 5－11　为电脑、手机查杀病毒

　　在防御方面,采用了集成防黑墙、上网安全保护等 6 个防护模块,以及全新 K＋(铠甲)云主动防御技术,如图 5－12 所示。

　　安全购——全新一站式安全网购。网购保镖是专为网购安全推出的一个功能模块,最近推出的敢赔模式采用了 10 层网购防御,还有防支付页面被篡改、欺诈网址拦截、网购木马查杀和网购痕迹清理等功能,如图 5－13 所示。

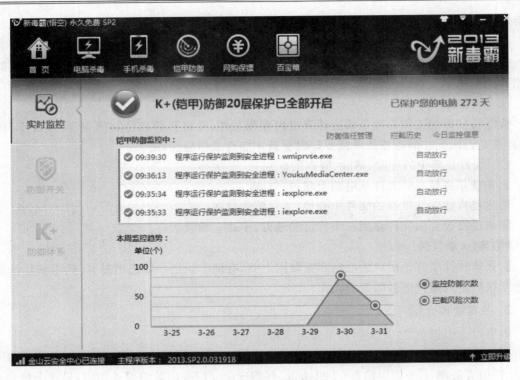

图 5 - 12　K＋(铠甲)防御

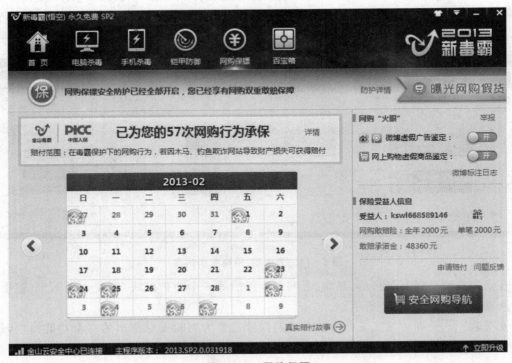

图 5 - 13　网购保镖

5.2　项目二　美丽的丽江 10 日游出行规划

5.2.1　项目情境

每个人心中都有一个自己的天堂圣地。随着我国人民生活水平的不断提高,亲身感受自己心中的圣地已经让越来越多的人成为了可能。在暑假,利用网络。为自己量身定做一套旅游出行计划,去亲身体会自己心中美丽的丽江。一个人的旅行是孤独的,所以利用网络组团,让有相同梦想的人集结在一起,向着梦想地出发。

5.2.2　项目分析

此项目的覆盖知识点主要有以下几个方面:
① 能熟练使用至少一种网页浏览器。
② 至少掌握两个搜索引擎网址,能熟练使用搜索引擎搜索自己需要的信息。
③ 至少掌握一种即时通信软件进行即时交流。
④ 能熟练进行电子邮件的收发。

要完成"美丽的丽江"旅游出行计划,首先应该从学习使用 IE 浏览器,掌握几个搜索引擎以搜索自己梦想的相关信息;从而完成旅游出行计划。

具体步骤如下:
① 找到旅游目的地相关景点介绍,进一步了解当地的风土人情,查询天气,确定相关景点(用搜索引擎)。
② 给出初步预算,包括食宿费、景点门票费、交通费以及其他费用(用 Excel 统计)。
③ 利用相关网络招集志同道合的朋友(如"58 同城网")。利用即时通信进行朋友间相关信息的交流沟通(如"QQ 聊天"),利用电子邮箱进行旅游出行计划交流的收发(如"QQ 邮箱")。
④ 具体订票,订酒店(用电子商务、网银)。
⑤ 具体旅游路线明细。
⑥ 预算确定。
⑦ 再次明确旅游出行相关注意事项,完成"美丽的丽江"旅游出行计划(用 Word 图文混排),用电子邮箱分发,并打印成纸质材料人手一份。
⑧ 最后,就是向着梦想出发。

关键词:浏览器,网页,搜索引擎,下载,QQ 交流,电子邮件。

5.2.3　项目实施

1. 查找"丽江"相关信息,选出景点

找到丽江相关景点介绍,进一步了解当地的风土人情,查询天气,确定一路相关景点,用 Word 做出初步路线。

请到官方网站下载并安装 IE 9 浏览器。

操作步骤:

① 启动浏览器,在地址栏输入网址 www.baidu.com,打开【百度】主页。

② 单击所要搜索的相关类别,如【网页】。

③ 输入相关文字内容信息,即关键词"丽江"。输入关键词时,系统会自动显示以这个关键词开头的更多关键词任用户选择。越靠前的是搜索频率越高的关键词。

④ 执行搜索。

⑤ 搜索结果如图 5-14。

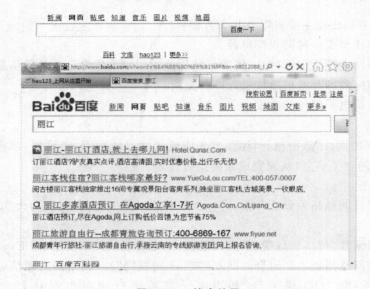

图 5-14 搜索结果

⑥ 利用搜索引擎反复搜索想要的信息,如输入关键词"丽江"选类别为"百科"来了解丽江;输入关键词"丽江旅游攻略"看看已去过的人的旅游心得以及相关线路、沿线景点,找出感兴趣的景点再进行了解。

⑦ 对于觉得有价值的网页要用收藏夹保存。(见知识加油站实训1)

⑧ 用 Word 文档初步设计出自已的旅游线路,如图 5-15 所示。

2. 使用 Excel 给出初步预算

利用网络查询相关信息,利用 Excel 初步给出预算,如图 5-16 所示。

3. 招集好友

(1)招集同城陌生好友

打开 IE 浏览器,在地址栏输入 www.58.com,选择自己所在的城市,如【成都】,便进入到成都页面。登录用户(新用户先注册),选择【免费发布信息】进入发布页面,在页面分类选项中选择【旅行】|【国内游】,进入到【成都国内旅游线路】页面,填写相应信息并确认发布,如图 5-17和图 5-18 所示。

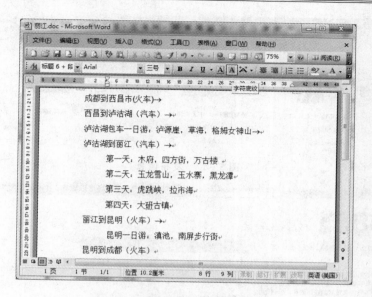

图 5-15　用 Word 设计旅游线路

		项目（单人）	票价（元）	食物（元）	机动（元）
1	1天	成都到西昌市(火车)	148	50	
2	1天	K573，起始时间19：20，到达时间第二天5：00			
3					
4	第2天	西昌到泸沽湖（汽车）	100	30	
5		酒店入住（单人拼房）	150	50	
6	第3天	泸沽湖一日游		30	100
7		门票	80		
8		酒店入住（单人拼房）	150	50	
9	第4天	泸沽湖到丽江（汽车）	100	50	
10	第5天	第一天	木府 35	50	100
11			四方街		
12			束河	50	
13		酒店入住（单人拼房）	150	50	
14	第6天	第二天	玉龙雪山 80	30	100
15			玉水寨 30		
16			黑龙潭 10		
17		酒店入住（单人拼房）	150	50	
18	第7天	第三天	虎跳峡 50	30	100
19			拉市海		
20		酒店入住（单人拼房）	150	50	
21	第8天	第四天	大研古镇 50	50	100
22	第9天	丽江到昆明（火车）21：28 - 第二天06：52	148	30	
23		滇池	免费	30	50
24		南屏步行街		20	100
25	第10天	昆明到成都（火车）18：20第二天12.23	240	50	
26		小计：	1,863	700	650
27		总计：	3,213		

图 5-16　旅游预算

（2）招集熟悉的 QQ 好友

运行 QQ 桌面图标,进入登录窗口,输入 QQ 账号和密码即可,如图 5-19 所示。未注册用户单击旁边的【注册账号】,进入注册页面,根据提示输入相关信息即可免费获得 QQ 账号。

登录 QQ 后,进入朋友群,向朋友发布出游信息。

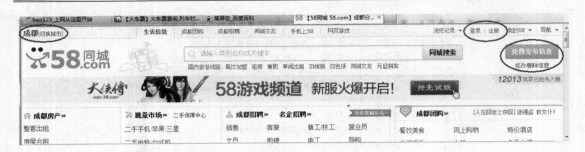

图 5-17　发布信息

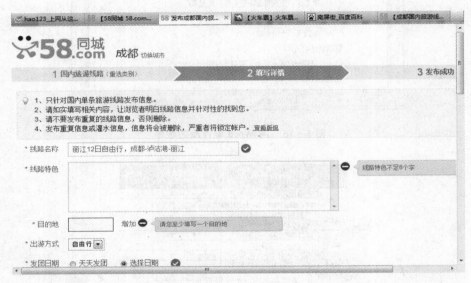

图 5-18　填写详情

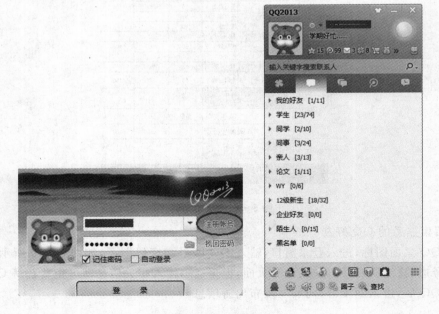

图 5-19　登录 QQ

具体步骤如下：

① 双击群图标，打开群聊天窗口，单击【群社区】图标，进入群社区网页，单击【新鲜事】图标，把前面总结的旅游线路发表在群社区里，并在群中说明一下，如图 5-20 和图 5-21 所示。

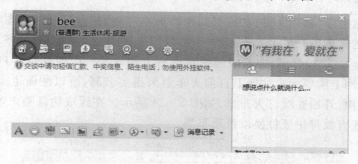

图 5-20　选择群空间

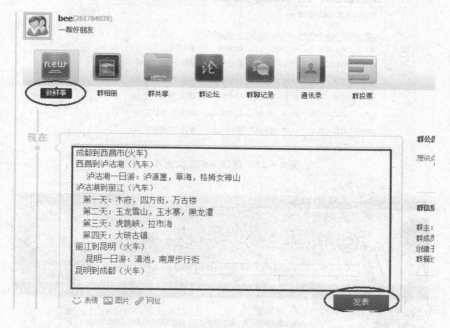

图 5-21　在群空间发表信息

② 双击群图标，打开群聊天窗口，单击【共享】图标，进入群共享中，单击【上传临时文件】，把用 Excel 做的初步预算表上传到共享中，供朋友们下载查看，如图 5-22 所示。

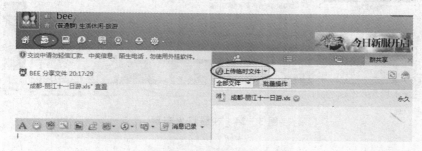

图 5-22　在群中共享文件

③ 确定人员名单。人员名单一定要在出发前半个月确定,以便订票订食宿。

4. 在线订票,订住宿

(1) 在线订票

打开百度搜索引擎,输入关键词"成都到西昌火车时刻表",按回车,如图 5 - 23 所示。因为西昌到泸沽湖的汽车只有早上 8 点多的一趟,所以选择 K673 次火车,如图 5 - 23 所示。在IE 地址栏输入 www.12306.cn,进入中国铁路网官方网站——中国铁路客户服务中心,如是新用户则要进行【网上购票用户注册】(目前火车票采用实名制,所以注册也是实名制),登录,进入【购票/预约】项,开始在线订火车票,如图 5 - 24 所示。在线成功订购火车票后,上车前到车站售票厅窗口凭有效身份证件换取纸质车票。

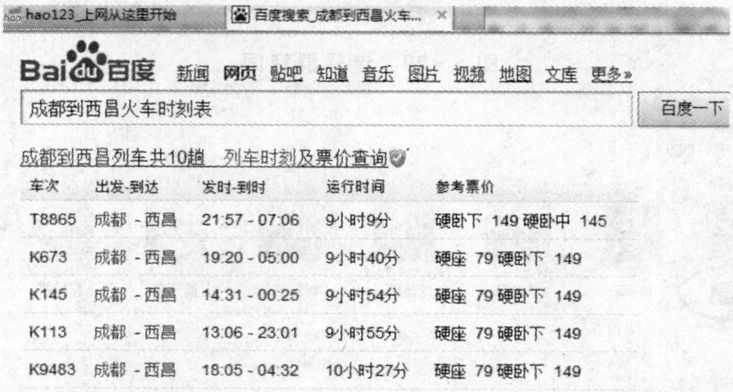

图 5 - 23 选择 K673 次火车

图 5 - 24 在线订火车票

同理,丽江至昆明的 K9608 次火车,昆明至成都的 K674 次火车,也是如此预定。

因为汽车每天只有一趟,为了保证能上到车按预定时刻走也最好在网上预定,如在淘宝网上拍,如图 5－25 所示。在 IE 地址栏输入 www. taobao. com,打开【淘宝特买】首页,在搜索栏输入"汽车票预定",按回车,搜索到如图 5－26 所示的"西昌—泸沽湖"的汽车票。订票后,卖家会于所订日期开车前约 20 分钟送票到汽车站,并收取相应服务费(约 12 元)。

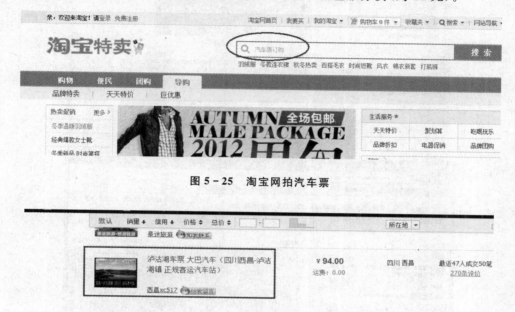

图 5－25　淘宝网拍汽车票

图 5－26　在线预定汽车票

（2）在线订酒店

打开百度搜索引擎,选择【地图】,输入关键字"泸沽湖长途汽车站",页面如图 5－27 所示,再单击【宁蒗泸沽湖客运站】,将弹出一窗口,在窗口的左下方单击【宾馆】,将出现如图 5－27 所示的页面,根据所需条件寻找满意的几家酒店,并把相关信息保存。

打开百度搜索引擎,输入关键词【泸沽湖酒店预定】,进入如图 5－28 所示的页面,选择熟悉的网站预定先前选好的车站附近的酒店。当然,也可以货比三家,订一个价格最满意的。

用同样的方法,再预定在丽江的 4 日所需的酒店。预定时一定要注意先查地图,酒店的地点一定要方便出行。

5. 确定预算

根据已预定的车票与酒店,把预算更明细化。

6. 使用 Word 给出旅游出行方案

根据以上确定的线路,制订出旅游出行方案,并用网络查询景点天气、民俗、特点,具体到每一个细节,为旅行做足功课,让旅行有的放矢。用 Word 制作的旅游出行方案如图 5－29 所示。

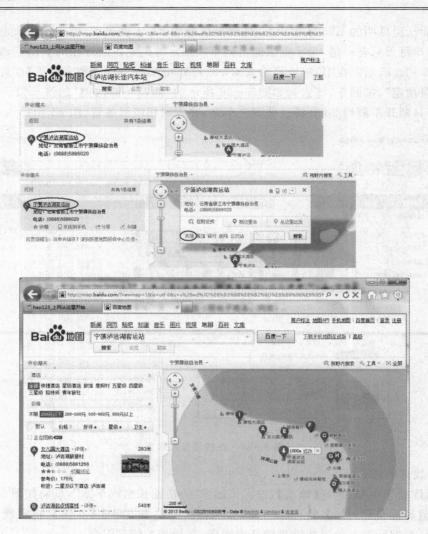

图 5 - 27　网上寻找满意的酒店

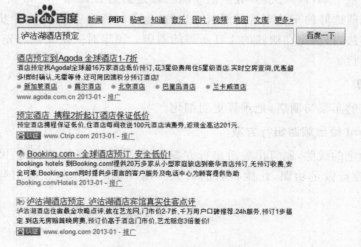

图 5 - 28　预定选好的酒店

图 5 - 29　用 Word 制作的旅游出行方案

5.2.4　知识加油站

1. IE 9 浏览器的使用

到官方网站下载并安装 IE 9 浏览器，或直接在线升级当前浏览器。

（1）以联机方式使用【收藏夹】保存网址

效果：以联机方式保存搜狐网站的主页，便于下次浏览使用。

操作步骤：

① 打开"浏览器"，在地址栏输入网址 http://www.sohu.com/，打开搜狐网站，如图 5 - 30 所示。

图 5 - 30　打开搜狐网站

② 单击浏览器工具栏中的【☆】选项，打开下拉菜单，如图 5 - 31 所示，并把鼠标指针指向【添加到收藏夹】命令。

③ 单击【添加到收藏夹】命令，浏览器弹出【添加到收藏夹】对话框。

④ 在对话框的【名称】文本框中用户可以输入一个自己好记的收藏夹名称，也可以输入当前网页的名称，如搜狐。浏览器默认地会把当前网页的标题作为收藏夹名称。

⑤ 单击【确定】按钮，再打开【收藏夹】，可以看到被收藏的网址已经存入【收藏夹】中。下次访问"搜狐"网站只需单击【收藏夹】中的保存网址即可访问搜狐网站。

（2）通过"Internet 选项"设置主页

效果：使每次启动"浏览器"时，显示固定的网页 www.gov.cn（中华人民共和国中央人民政府门户网站）。

操作步骤：

① 打开 Internet 属性对话框。

执行【控制面板】|【Internet 选项】或打开浏览器执行【⚙】|【Internet 选项】，如图 5 - 32 所示，打开"Internet 选项"对话框，如图 5 - 33 所示。

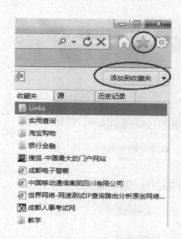

图 5-31　把网址保存到收藏夹

图 5-32　选择【Internet 选项】

② 现在的安全产品一般都有 IE 主页锁定功能,所以在设定主页之前应先解锁主页锁定。如图 5-33 和图 5-34 所示,选择【修改主页】|【确定】|【我要解锁】|【关闭】。

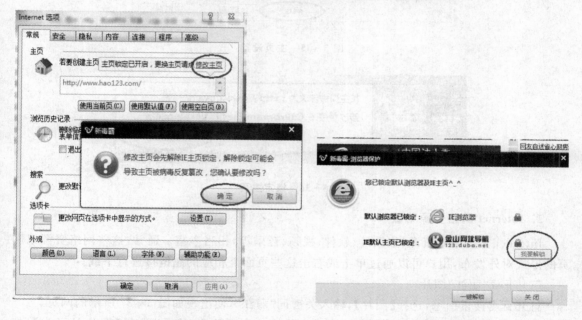

图 5-33　修改主页　　　　　　　　　　　图 5-34　解锁 IE 默认主页

③ 设置主页。在【Internet 选项】对话框中的主页设置如图 5-35 所示,在地址文本框中显示目前设置为主页(起始页)的 Internet 地址,这里输入 http://www.gov.cn/,单击【确定】按钮完成设置。

④ 这时安全产品会弹出如图 5-36 所示的主页被修改提示框,单击【锁定主页】按钮,再次把主页保护起来。

⑤ 验证主页设置。重新打开浏览器,可以看见打开浏览器的第一页变为了 www.gov.cn。

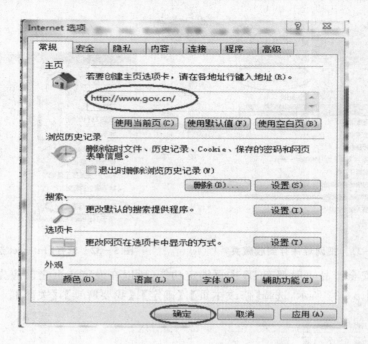

图 5-35　主页设置

图 5-36　锁定主页

2. Internet 网络资源下载

Internet 上的网络资源(如图片、软件、视频、音乐等)相当丰富。通常,这些网络资源以网页的形式对外发布,用户可以通过单击或右击这些页面上相应的超链接进行下载。

(1)下载"丽江"图片

打开百度搜索引擎,选择【图片】,输入关键词"丽江",便出现如图 5-37 所示的网页。

单击浏览图片,有满意的图片便可执行:鼠标放到图片上,右击,选择【图片另存为】(如图 5-38 所示),就可以把所喜欢的图片保存到自己的计算机了。

(2)下载"QQ2013 Beta1"软件

打开 IE 浏览器,在地址栏输入 http://www.qq.com/,进入腾讯首页,单击【QQ 软件】进入【QQ 软件中心】,选择【QQ2013 Beta1】,单击【下载】,进入迅雷下载窗口,选择下载的目标地址,单击【确定】按钮,开始下载,单击【立即下载】按钮,如图 5-39 所示。下载完成可直接安装。

(3)下载"泸沽湖的红嘴鸥"视频

打开百度搜索引擎,选择【视频】,输入关键词"泸沽湖",得到如图 5-40 所示的页面。

图 5 - 37　浏览图片网页

图 5 - 38　保存图片

　　单击【泸沽湖的红嘴鸥】,进入如图 5 - 41 所示的播放页面,选择【下载】,下面将展开【下载到不同设备】,选择【用 PC 客户端下载】即可进入下载优酷页面下载到指定地方。

　　注意:优酷用户视频下载必须下载安装"优酷客户端",并申请注册优酷用户名;下载高清视频还必须用户登录才能下载。

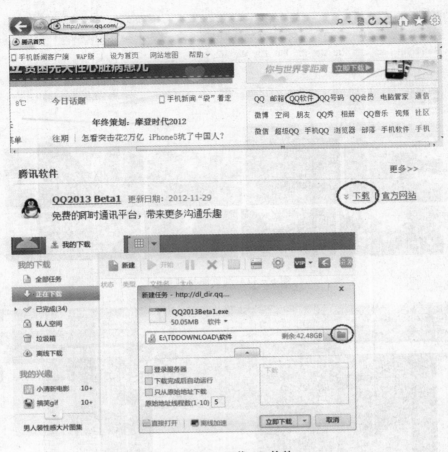

图 5 – 39　下载 QQ 软件

图 5 – 40　搜索"泸沽湖"相关视频

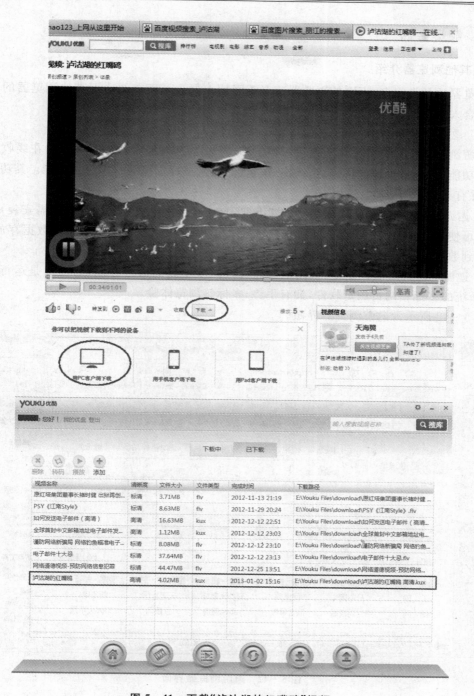

图 5 - 41　下载"泸沽湖的红嘴鸥"视频

5.2.5 触类旁通

1. 其他浏览器介绍

浏览器的种类很多,不同的浏览器适合不同的人群。下面介绍一下其他浏览器的主要功能及适合人群。

（1）遨游浏览器

傲游浏览器是最符合中国人使用习惯的多标签浏览器,拥有业界最优秀的在线收藏和广告过滤功能,并囊括了智能填表、超级拖放、鼠标手势、分屏浏览等众多易用功能。其功能相当强大,并有其他不同版本。

① 遨游便携版浏览器:该浏览器可即下即用免安装,用户数据随身带。无需安装,下载后解压即可使用,适合放在 U 盘中随身携带使用。可以随意修改一切用户相关数据存放目录,真正做到数据随身。精简纯净,没有任何第三方组件,是高端用户的最佳选择。

② 遨游 Android 版浏览器:该浏览器拥有云同步功能的傲游移动客户端,是运行于 Android 系统的多标签网页浏览软件,拥有手势、多标签浏览体验。

图 5-42 所示为遨游浏览器界面。

图 5-42 遨游浏览器界面

（2）智慧浏览器

图 5-43 所示为智慧浏览器界面。这款浏览器适合没有固定计算机的上网者,如学生。

（3）欧朋浏览器

图 5-44 所示为欧朋浏览器。

欧朋浏览器是一款全球流行的手机浏览器,适合于各种手机平台,界面简约清新、浏览一

智慧浏览器(wisebrowser)软件简介

软件截图：

点击缩略图查看大图

华军软件园
绿色安全软件

请放心使用

WiseIE2.0β版新鲜出炉　诸多特色功能详解
WiseIE历时三个月推出了2.0β版，新版本究竟会带来多少惊喜呢？让
我们往下看。
一、云组
1.云账户
打开位置：主页面左上角"账户登录区"
简单注册，一旦成为Wise浏览器用户就能拥有存储收藏夹、历史记录
"随带随走"。而且还能享受所有Wise旗下产品的使用，避免了重复注
册。新版本还引入积分制度，积分越高所获得的权限越高，自然可兑换的
奖品也会有所不同。
2.在线论坛
打开位置：主页面左上角"账户登录区"

图 5－43　智慧浏览器

触即达，搭载 Opera 自主强劲内核，完美渲染网页画面，速度快，超省流量。

① 采用强大的内核和领先的云端转码技术，可使访问网站的速度提升 5～10 倍，超省流量，最高节省 94％流量。

② 智能缩放，手势操作；独创九宫格式 UI 设计，可定制快速拨号，实现一键访问。

③ WAP 站、PC 站"一览打尽"，【新鲜事儿】【看小说】【购实惠】频道丰富你的上网生活；文章智能预读，无需加载等待。

④ 轻松玩微博，随时查看热点微博资讯，一键分享、转发或收藏，带给用户一有尽有的超强手机上网体验。

2. 其他搜索引擎介绍

以下是一些常用的搜索引擎网址及页面。

① 谷歌搜索引擎网址为：http://www. google. com. hk。其页面如图 5-45 所示。

图 5－44　欧朋浏览器界面

图 5－45　谷歌搜索

② 中国雅虎搜索引擎网址为：http://www. yahoo. cn。其页面如图 5-46 所示。

③ 新浪旗下爱问网址为：http://dir. iask. com。其页面如图 5-47 所示。

④ 腾讯旗下搜搜网址为：http://www. soso. com。其页面如图 5-48 所示。

⑤ 网易旗下有道网址为：http://www.youdao.com。其页面如图5－49所示。

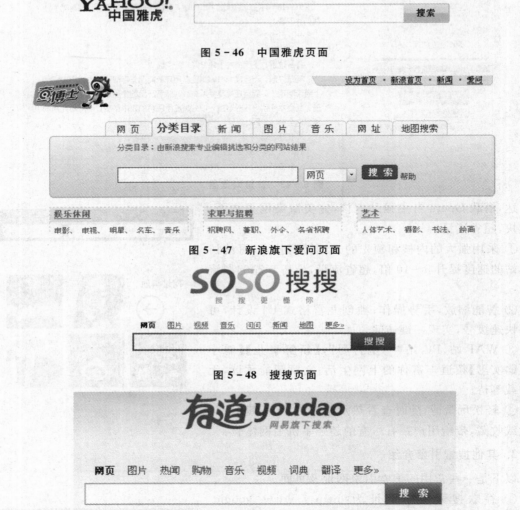

图5－46 中国雅虎页面

图5－47 新浪旗下爱问页面

图5－48 搜搜页面

图5－49 有道页面

⑥ 搜狐旗下搜狗网址为：http://www.sogou.com。其页面如图5－50所示。

图5－50 搜狗页面

⑦ 迅雷旗下狗狗网址为：http://www.gougou.com。其页面如图 5-51 所示。

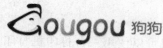

图 5-51　狗狗页面

⑧ 必应网址为：http://cn.bing.com。其页面如图 5-52 所示。

图 5-52　必应页面

习题与思考题

一、选择题

1. Internet 是（　　）类型的网络。

　　A. 局域网　　　　　　　　　B. 城域网　　　　　　C. 广域网　　　　　　　D. 企业网

2. Thuuicv@sina.com.cn 是一个（　　）地址。

　　A. WWW　　　　　　　　　　　　　　　　　　B. BBS

　　C. E-mail　　　　　　　　　　　　　　　　　D. 文件传输服务器

3. 计算机网络的主要特点是（　　）。

　　A. 运算速度快　　　　　　　　　　　　　　　B. 精度高

　　C. 资源共享　　　　　　　　　　　　　　　　D. 内存容量大

4. 每台计算机必须知道对方的（　　）才能在 Internet 上与之联通。

　　A. 电话号码　　　　　　　　　　　　　　　　B. 主机号

　　C. IP 地址　　　　　　　　　　　　　　　　　D. 邮编和通讯地址

5. 互联网用户须要先申请 E-mail 邮箱，才能（　　）。

　　A. 上网浏览　　　　　　　　　　　　　　　　B. 从网上进行文件下载

　　C. 上网聊天　　　　　　　　　　　　　　　　D. 收发电子邮件

6. 不属于常用搜索引擎的网址是（　　）。

　　A. www.google.com　　　　　　　　　　　　　B. www.baidu.com

　　C. www.sogou.com　　　　　　　　　　　　　　D. www.qq.com

7. 下面哪个版本的 IP 是今后的发展趋势（　　）。

　　A. IPv3　　　　　　　　　B. IPv4　　　　　　　C. IPv5　　　　　　　　　D. IPv6

8. 下面选项不属于上网可能面临的危险的是( )。

  A. 计算机病毒   B. 木马程序

  C. 计算机硬件故障   D. 账号安全

9. 同一网域内的多台计算机可以使用一台打印机打印文件材料属于下列哪种计算机网络基本功能( )。

  A. 信息共享   B. 分布式处理   C. 通信   D. 硬件共享

二、填空题

1. _____协议是 Internet 网络协议。

2. 按照网络覆盖的地理范围,可以把网络分为 _____、城域网(Man)和 _____ 3 种类型。

3. 计算机病毒本身就是一种 _____,目的是为了破坏计算机上的文件或数据。

三、判断题

1. 每一台上网的计算机都有一个唯一的 IP 地址。( )

2. 电子邮件是 Internet 提供的服务之一。( )

3. 电子阅读或者 FTP 资源下载属于网络信息共享。( )

4. 恶意软件不会影响系统的整体性能。( )

四、简答题

1. 简述计算机网络的功能。

2. 写出三个常用浏览器。